高等职业教育机电类专业新形态教材

液压与气动技术项目式教程

主　编　刘道寿　周志红
副主编　陈桂平　王燕鹏
参　编　徐　静　李　民　陈　波

U0331603

机械工业出版社

本书是一本理论与实践紧密结合的教材，通过精心设计的多个项目，可以引导读者学习和掌握液压与气动技术的基本知识和技能。本书以项目为导向，通过实际操作，使读者在完成项目的过程中，锻炼实际动手能力，加深对液压与气动技术的理解。

本书共包括液压传动的认知、液压动力元件、液压执行元件、液压辅助元件、液压阀及基本回路、液压系统设计实例、气动元件、气动基本回路8个模块。每个模块包括若干个项目，每个项目按照项目描述、项目要求、相关知识、知识拓展、项目实施环节展开，并设置有思考与练习，以检验学习效果。

本书配有电子课件，凡使用本书作为授课教材的教师，可登录机械工业出版社教育服务网（http://www.cmpedu.com）注册后免费下载。咨询电话：010-88379375。

本书可作为高等职业院校机电类专业及相近专业的教材，也可供成人职业教育、函授大学、中等专业学校的师生及企业工程技术人员参考。

图书在版编目（CIP）数据

液压与气动技术项目式教程／刘道寿，周志红主编.
北京：机械工业出版社，2024.10. ——（高等职业教育
机电类专业新形态教材）. —— ISBN 978-7-111-76576-9

Ⅰ. TH137；TH138

中国国家版本馆 CIP 数据核字第 2024K8R063 号

机械工业出版社（北京市百万庄大街 22 号　邮政编码 100037）
策划编辑：王英杰　　　　　　责任编辑：王英杰
责任校对：樊钟英　李　婷　　封面设计：张　静
责任印制：刘　媛
涿州市殷润文化传播有限公司印刷
2024 年 11 月第 1 版第 1 次印刷
184mm×260mm · 13.25 印张 · 326 千字
标准书号：ISBN 978-7-111-76576-9
定价：43.00 元

电话服务　　　　　　　　　　网络服务
客服电话：010-88361066　　机　工　官　网：www.cmpbook.com
　　　　　010-88379833　　机　工　官　博：weibo.com/cmp1952
　　　　　010-68326294　　金　书　网：www.golden-book.com
封底无防伪标均为盗版　　机工教育服务网：www.cmpedu.com

前　言

液压与气动技术是机电类专业的专业核心课程，具有实践性强、与生产实际联系紧密的特点。本书是根据高等职业教育机电类专业人才培养目标、方案及课程标准的要求，在广泛吸取和借鉴近年来高等职业教育优秀教材和工厂实际工作经验的基础上编写的。

本书采用项目式编写模式，在编写过程中，通过一系列具体项目，引导读者学习和掌握液压与气动技术的基本知识和技能。每个项目按照项目描述、项目要求、相关知识、知识拓展、项目实施环节展开，从应用的角度出发，注重理论联系实际，体现"做中学、学中做"，注重培养学生的实际操作能力和解决问题能力。

本书主要体现了以下特色。

1. 紧跟液压与气动技术发展的最新动态，严格执行现行国家标准，确保内容的先进性、科学性和适用性。

2. 在编写过程中，积极融入新技术，如数字化资源二维码等，读者可以通过扫描二维码，获取与教材内容相关的数字化资源。

3. 注重传递正能量，弘扬社会主义核心价值观，融入素质教育，体现教材铸魂育人功能。

4. 本书还配套了在线课程（网址为 https://www.xueyinonline.com/detail/241368706），读者可以通过在线课程平台，观看视频讲解、参与在线讨论、提交作业等，与教师和同学进行互动交流，获得全方位的学习支持等。

本书由湖南工业职业技术学院刘道寿、周志红任主编，湖南工业职业技术学院陈桂平、王燕鹏任副主编。具体编写分工如下：模块 1 由徐静（湖南工业职业技术学院）编写，模块 2 由李民（广西电力职业技术学院）编写，模块 3 和模块 6 由周志红编写，模块 4 和附录由陈桂平编写，模块 5 由刘道寿编写，模块 7 和模块 8 由王燕鹏编写；陈波（湖南工业职业技术学院）负责液压部分的插图。刘道寿负责统稿。本书由湖南工业职业技术学院李楷模教授主审，他对本书提出了许多宝贵意见；湖南图南机械科技有限公司液压设计工程师方俊为本书的编写提供了技术支持，在此一并向他们表示衷心的感谢。

由于编者学识和水平有限，书中难免有不足之处，恳请广大读者批评指正。

编　者

目录

模块1

液压传动的认知

【模块导读】

传动有多种类型，如机械传动、电力传动、液体传动、气体传动以及它们的组合——复合传动等。

液体传动是用液体作为工作介质进行能量传递的传动方式。按其工作原理的不同，液体传动可分为液压传动和液力传动两种形式。液压传动主要是利用液体的压力能来传递能量，而液力传动则主要是利用液体的动能来传递能量。液压传动与机械传动、电气传动已成为当今传动控制领域的重要技术手段。

模块一包括两个项目，分别是平面磨床液压传动系统认知、液压千斤顶的认知。通过本模块的学习，大家可以掌握液压传动的组成及其工作原理，了解液压传动的发展，了解液压传动的基本理论和液体静压、液体动压理论在液压传动技术中的应用。

项目1.1 平面磨床液压传动系统认知

【项目描述】

图1-1所示为平面磨床，平面磨床工作台的传动系统采用的是液压传动，其工作原理是利用液压传动系统带动工作台做往复运动。本项目分析平面磨床液压传动系统的工作原理，掌握液压系统典型结构，以及液压元件的图形符号。

【项目要求】

➢ 理解并掌握平面磨床的工作原理。

➢ 能够识读平面磨床工作台液压传动系统。

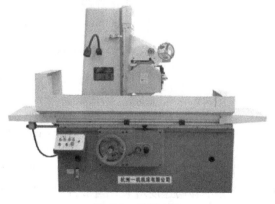

图1-1 平面磨床

➢ 了解液压传动系统的组成部分及对应的元件。
➢ 了解液压传动系统的优缺点及发展方向。

【相关知识】

一、平面磨床工作台液压传动系统的工作原理

如图 1-2 所示，平面磨床工作台液压传动系统由油箱 19、过滤器 18、液压泵 17、溢流阀 13、换向（开停）阀 10、节流阀 7、换向阀 5、液压缸 2、连接这些元件的油管以及管接头等组成。其工作原理如下：液压泵由电动机驱动，从油箱中吸油；油液经过滤器进入液压泵，在泵腔中从入口的低压油液转为到泵出口的高压油液，在图 1-2a 所示状态下，通过换向（开停）阀 10、节流阀 7、换向阀 5 进入液压缸左腔，推动活塞使工作台向右移动；这时，液压缸右腔的油经换向阀 5 和回油管 6 排回油箱。如果将换向阀手柄 4 转换成如图 1-2b 所示状态，则压力管中的油将经过换向（开停）阀 10、节流阀 7 和换向阀 5 进入液压缸右腔，推动活塞使工作台向左移动，并使液压缸左腔的油经换向阀 5 和回油管 6 排回油箱。

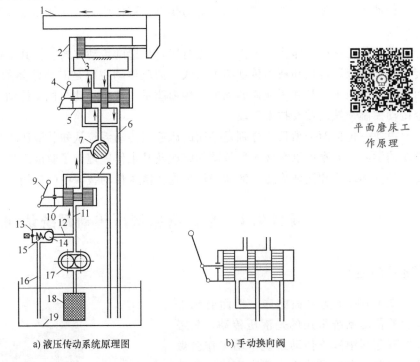

平面磨床工作原理

a) 液压传动系统原理图　　　　b) 手动换向阀

图 1-2　平面磨床工作台液压传动系统

1—工作台　2—液压缸　3—活塞　4—换向阀手柄　5—换向阀　6、8、16—回油管　7—节流阀
9—开停手柄　10—换向（开停）阀　11—压力管　12—压力支管　13—溢流阀
14—钢球　15—弹簧　17—液压泵　18—过滤器　19—油箱

工作台的移动速度是通过节流阀 7 来调节的。当节流阀 7 开大时，进入液压缸的油量增多，工作台的移动速度增大；当节流阀 7 关小时，进入液压缸的油量减少，工作台的移动速度减小。这种现象说明了液压传动的一个基本原理——速度决定于流量。为了克服移动工作

台时所受到的各种阻力，液压缸必须产生一个足够大的推力，这个推力是由液压缸中的油液压力所产生的。要克服的阻力越大，液压缸中的油液压力越高，反之压力就越低。这种现象说明了液压传动的另一个基本原理——压力决定于负载。

二、液压传动系统的组成

通过对平面磨床液压传动系统工作原理的分析，可以初步了解液压传动系统由以下五部分组成。

1. 动力元件

动力元件是将原动机输出的机械能转换成液压能的元件，它是液压系统的动力源，其作用是为液压系统提供压力油。常用的动力元件是液压泵。

2. 执行元件

执行元件是将液体压力能转换为机械能的元件，其作用是在工作介质的作用下输出力和速度（或转矩和转速），以驱动工作机构做功。常用的执行元件有液压缸和液压马达。

3. 控制调节元件

控制调节元件包括各种阀类元件，其作用是控制工作介质的流动方向、压力和流量，以保证执行元件和工作机构按要求工作，如换向阀、溢流阀、调速阀等。

4. 辅助元件

除以上装置外的其他元件都称为辅助装置，如油箱、过滤器、蓄能器、管件、管接头等，它们是一些对完成主运动起辅助作用的元件，在系统中也是必不可少的，对保证系统正常工作有着重要的作用。

5. 工作介质

工作介质指传动液体，在液压传动中通常称为液压油。

三、液压传动的特点

1. 液压传动的优点

1) 单位体积输出功率大。液压传动装置重量轻、结构紧凑、惯性小。例如，相同功率液压马达的体积为电动机的 12% ~ 13%。

2) 液压传动采用油管连接，可以方便灵活地布置传动机构，这是比机械传动优越的地方。例如，因液压缸的推力很大且容易布置，在挖掘机等重型工程机械上已基本用液压传动取代了机械传动，不仅操作方便且外形美观、大方。

3) 可在大范围内实现无级调速。

4) 传动均匀平稳，负载变化时速度较稳定。为此，金属切削机床中的磨床传动系统现在几乎都采用液压传动。

5) 易于实现过载保护。液压传动系统设置有安全阀——溢流阀，可实现过载保护。

6) 易于实现自动化。液压传动借助各种控制阀，采用液压控制和电气控制相结合，易实现复杂的自动工作循环，且可远程控制。

7) 液压元件已实现标准化、系列化和通用化，便于设计、制造和推广使用。

2. 液压传动的缺点

1) 液压系统存在泄漏现象，液体流动过程中存在摩擦，所以液压系统传动效率低、能量损失大，不适于远距离传动。

2）由于液压系统的泄漏、液压油本身的可压缩性等因素，使液压传动不能保证严格的传动比。

3）液体对温度变化敏感，液压系统稳定性受温度影响，不宜在温度变化很大的环境条件下工作。

4）为了减少泄漏以及满足某些性能上的要求，液压元件的配合件制造精度要求较高，加工工艺较复杂。

5）液压系统发生故障不易检查和排除。

四、常用液压元件的图形符号

如图 1-2a 所示的液压系统是一种半结构式的工作原理图，它直观性强、容易理解，但是图形比较复杂时，绘制起来比较麻烦。因此，除某些特殊情况外，通常采用图形符号来绘制液压系统原理图。我国已经制定了用规定的图形符号来表示液压原理图中的各元件和连接管路的国家标准GB/T 786.1—2021，即《流体传动系统及元件图形符号和回路图 第 1 部分：图形符号》。常用液压元件的图形符号见附录 A。

图 1-3 所示为用图形符号表示的平面磨床工作台的工作原理图。需要注意的是，这些图形符号只表示元件的职能，并不表示元件的结构和参数，也不表示元件在机器中的实际安装位置。

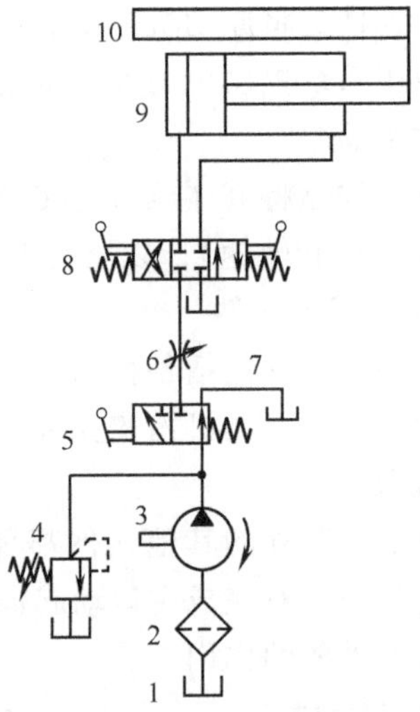

图 1-3 平面磨床工作台液压传动系统回路图
1—油箱 2—过滤器 3—液压泵 4—溢流阀
5、8—换向阀 6—节流阀 7—油管
9—液压缸 10—工作台

【知识拓展】

一、液压传动技术的发展史

约公元前 200 年出现的阿基米德输水螺杆机是历史上第一个将水从低处传往高处，用于灌溉的机械。

17 世纪中叶，法国人帕斯卡提出静压传递原理，即帕斯卡定律，奠定了液压技术的基础。

18 世纪末，出现了用水作为工作介质的世界上第一台水压机。

20 世纪初，出现了以矿物油作为工作介质的液压传动系统，改善了液压元件摩擦副的润滑与密封问题，液压技术得到了进一步发展。

液压元件大约在 19 世纪末 20 世纪初的 20 年间，才开始进入正规的工业生产阶段。

第二次世界大战（1941—1945 年）期间，由于军事工业需要反应快、精度高、功率大的液压传动装置而推动了液压技术的发展。战后，液压技术迅速转向民用，在机床、工程机械、汽车等行业得到长足发展。

20 世纪 60 年代后，随着原子能技术、空间技术、深海探测技术、计算机技术的发展，液压技术也得到了很大发展，并渗透到各个工业领域中去。20 世纪 60 年代出现了板式、叠加式液压阀系列，发展了以比例电磁铁为电气-机械转换器的电液比例控制阀并被广泛用于工业控制中。

随着 CAD 技术的发展，液压产品的设计发生了全新的变化，利用 CAD 技术可以实现液压产品从概念设计、外观设计、性能设计、可靠性设计到零部件设计的全过程。

随着 CAM 技术的引入，加速了技术装备的柔性化进程。数控加工中心、柔性加工单元（FMC）、柔性制造系统（FMS）全面替代旧装备，配以自动传送工具和立体仓库，使液压元件的生产进入自动化生产模式。

二、液压传动技术的应用

液压传动技术渗透到很多领域，不断在机床、工程机械、冶金机械、塑料机械、农林机械、汽车、船舶等行业得到应用和发展。未来液压传动技术与电子技术相结合，将实现液压系统的柔性化、智能化。液压传动在各行业中的应用见表 1-1。

表 1-1　液压传动在各行业中的应用

应用行业	应用场所
工程机械	挖掘机、装载机、推土机、压路机、铲运机等
起重运输机械	汽车起重机、叉车、带式运输机等
矿山机械	凿岩机、开掘机、开采机、破碎机、提升机、液压支架等
建筑机械	打桩机、液压千斤顶、平地机、混凝土泵车等
农业机械	联合收割机、拖拉机、农机悬架系统等
冶金机械	电炉炉顶及电极升降机、轧钢机、压力机等
轻工机械	打包机、注塑机、校直机、橡胶硫化机、造纸机等
汽车机械	自卸式汽车、平板车、高空作业车、汽车中的转向器、减振器等
智能机械	拆卸式小汽车装卸器、数字式体育锻炼机、模拟驾驶舱、机器人等

【项目实施】

1. 微课学习

液压系统
工作原理

液压系统的
组成、符号

2. 平面磨床工作台液压传动系统组成认知

1）小组讨论，写出图 1-4 所示平面磨床工作台液压传动系统回路图中的液压元件名称。

1—（　　　　　　）；2—（　　　　　　）；3—（　　　　　　）；
4—（　　　　　　）；5—（　　　　　　）；6—（　　　　　　）；
7—（　　　　　　）；8—（　　　　　　）；9—（　　　　　　）。

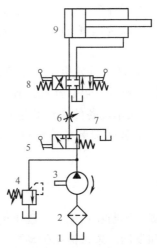

图 1-4 平面磨床工作台液压传动系统回路图

　　2）小组讨论，写出图 1-4 中平面磨床工作台液压传动系统由哪几部分组成，各包含哪些液压元件。

　　3. 项目评价

序号	检查内容	自我评分	小组评分	教师评分	备注
1	课前预习(20 分)				
2	态度端正,学习认真(20 分)				
3	能正确写出平面磨床工作台液压传动系统回路图中的液压元件名称(30 分)				
4	能正确写出平面磨床工作台液压传动系统的组成部分(30 分)				
合计	100 分				
总分					

　　注：总分＝自我评分×40％＋小组评分×25％＋教师评分×35％。

【**思考与练习**】

　　一、填空题

　　1. 液压传动是以 ( ) 为工作介质，利用液体的 ( ) 来实现运动和动力传递的一种传动方式。

　　2. 液压传动系统由 ( )、( )、( )、( ) 和 ( ) 五部分组成。

　　二、判断题

　　1. 液压传动系统的工作介质是液压油。(   )

　　2. 图形符号可以表示出连接口的实际位置和元件的安装位置。(   )

　　3. 液压系统电子化和智能化是液压传动技术的发展趋势。(   )

　　三、简答题

　　1. 什么是液压传动？液压传动系统由哪几部分组成？各组成部分的作用是什么？

　　2. 液压传动的工作原理及特征是什么？如何理解液压系统的压力取决于负载？

　　3. 液压传动系统有什么优缺点？

项目1.2　液压千斤顶认知

【项目描述】

液压千斤顶（图1-5）是生产中常用的一种起重工具，其结构简单、重量轻、便于携带，缺点是起重高度有限，起升速度慢。液压千斤顶广泛应用于建筑工程、造船、冶金、采矿、石油化工、铁道工程、桥梁架设和工厂、仓库、码头重物的堆栈及汽车轮胎的更换。

试分析：液压传动系统中的压力传递原理，压力与负载、流量与流速的关系。

图1-5　液压千斤顶

【项目要求】

➤ 能够分析液压千斤顶的工作原理。
➤ 理解并掌握液压油的性能参数。
➤ 理解并掌握压力、流量的概念。
➤ 了解帕斯卡定律、液压系统连续性方程的应用。
➤ 能够查手册及标准选用合适的液压油。

【相关知识】

液压千斤顶

一、液压千斤顶的工作原理

液压千斤顶的工作过程如下：

如图1-6所示，提起手柄1，带动小活塞2上升，小液压缸3容积增大，形成局部真空，油箱6中的液压油在大气压的作用下通过单向阀5进入小液压缸，完成一次吸油过程。压下手柄1，小活塞2向下移动，使液压油通过单向阀4进入大液压缸9，腔内压力升高，推动大活塞10将重物顶起一段距离。如此反复提压手柄1，可以使重物11不断上升，达到起重的目的。打开截止阀7，大液压缸9通油箱6，大活塞10和重物11在自重的作用下下降复位。

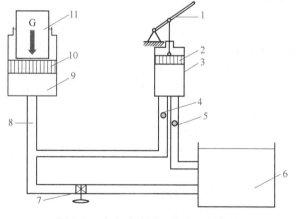

图1-6　液压千斤顶工作原理示意图

1—手柄　2—小活塞　3—小液压缸　4、5—单向阀　6—油箱
7—截止阀　8—油管　9—大液压缸　10—大活塞　11—重物

通过分析液压千斤顶的工作原理可以看到，液压传动是以液体为工作介质，利用液体的压力能实现动力传递的一种传动形式。液压传动具有以下特点：

1）以液体为传动介质来传递运动和动力。

2）液压传动必须在密封的容器内进行。

3）依靠密封容积的变化传递运动。

4）依靠液体的压力变化传递动力。

5）液压传动过程中经过两次能量转换，先将机械能转换成液体压力能，再将液体压力能转换成机械能。

二、液压传动的工作介质——液压油

（一）液压油的性质

1. 密度

单位体积液体所具有的质量称为该液体的密度，单位为 kg/m^3 或 g/mL。质量为 m，体积为 V 的液体的密度为

$$\rho = \frac{m}{V} \tag{1-1}$$

式中　ρ——液体的密度（kg/m^3）；

　　　　V——液体的体积（m^3）；

　　　　m——液体的质量（kg）。

液压油的密度 ρ 随着温度或压力的变化而变化，但变化不大，通常忽略，一般取 $\rho = 900kg/m^3$。

2. 可压缩性

液体受压力作用而发生体积缩小的性质称为该液体的可压缩性。液体可压缩性的大小用体积模量 K 表示，K 越大，液体抵抗压缩的能力越强，可压缩性就越小。

液体不是不可压缩，只是可压缩量很小，所以一般认为其是不可压缩的。在压力变化很大的高压系统或研究系统动态性能及计算远距离操纵的液压系统时，必须考虑液压油的可压缩性。

当液压油中混入空气时，其抵抗压缩的能力会显著下降。当混入 1% 的气体时，K 值只为纯净油液的 30%；当混入 4% 的气体时，K 值只为纯净油液的 10%。所以液压系统中要避免液压油中混入空气。但是液压油中的气体很难完全排净，故工程计算中常取液压油的 $K = 0.7 \times 10^3 MPa$。纯净液压油的 $K = (1.4 \sim 2.0) \times 10^3 MPa$。

3. 黏性

当液体在外力的作用下流动时，由于液体分子间的内聚力要阻碍液体分子之间的相对运动，因而产生一种内摩擦力，这一特性称为液体的黏性。

如图 1-7 所示，假设两平行平板间充满液体，下平板保持不动，上平板以速度 u_0 向右平移。由于液体存在黏性以及液体和固体壁面间的附着力，液体内部各层间的速度将呈阶梯状分布，紧贴下平板的液体层速度为 0，紧贴上平板的液体层速度为 u_0，而中间各层液体的速度则呈线性分布规律。实验测定表明

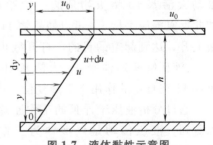

图 1-7　液体黏性示意图

$$F = \mu A \frac{\mathrm{d}u}{\mathrm{d}y} \tag{1-2}$$

式中　F——相邻液体间的内摩擦力（N）；

　　　μ——动力黏度（Pa·s）；

　　　A——液层的接触面面积（m^2）；

　$\mathrm{d}u/\mathrm{d}y$——液层间的速度梯度。

若以 τ 表示内摩擦切应力，则式（1-2）可表示为

$$\tau = \frac{F}{A} = \mu \frac{\mathrm{d}u}{\mathrm{d}y} \tag{1-3}$$

这就是牛顿液体内摩擦定律。

4. 黏度

液体黏性的大小用黏度表示。黏性是液体重要的物理特性，也是选择液压油的重要依据之一。液体只有在流动（或有流动趋势）时才呈现黏性，静止的液体是不会呈现黏性的。流体的黏度有三种表示方法：动力黏度（绝对黏度）、运动黏度和相对黏度。

（1）动力黏度 μ　动力黏度又称绝对黏度，表示流体内摩擦力的大小，即式（1-2）中的 μ，国际（SI）计量单位为 N·s/m^2 或 Pa·s。

（2）运动黏度 ν　液体动力黏度 μ 与其密度 ρ 之比称为该液体的运动黏度 ν，即

$$\nu = \frac{\mu}{\rho} \tag{1-4}$$

在我国法定计量单位制及 SI 制中，运动黏度的单位有 m^2/s、mm^2/s，因其中只有长度和时间的量纲，类似运动学的量，故称其为运动黏度。

我国液压油的牌号是以 40℃ 时运动黏度的平均值来制定的。如 L-HL32 液压油，指这种油在 40℃ 时的平均运动黏度为 32mm^2/s。我国液压油黏度等级分为 10、15、22、32、46、68、100、150 八种，常用的黏度等级为 32、46、68 三种。

（3）相对黏度　相对黏度是根据特定测量条件制定的，故又称条件黏度。测量条件不同，所用的相对黏度单位也不同，如恩氏黏度、通用赛氏黏度、商用雷氏黏度和巴氏黏度等。

恩氏黏度用恩氏黏度计测定，即将 200mL、温度为 t℃ 的被测液体装入黏度计的容器内，由其底部 ϕ2.8mm 的小孔流出，测出液体流出所需时间 t_1，再测出相同体积、温度为 20℃ 的蒸馏水在同一容器中流尽所需的时间 t_2，这两个时间之比即为被测液体在 t℃ 的恩氏黏度，即

$$°E_t = \frac{t_1}{t_2} \tag{1-5}$$

5. 影响液压油黏度的因素

液压油的黏度主要受压力和温度两个因素的影响。

（1）温度的影响　液压油的黏度对温度变化十分敏感，温度升高时，黏度下降。当液压油黏度过小时，液压油泄漏的可能性就增大；当液压油黏度过大时，运动部件就会动作缓慢，增加能量损耗。所以要求液压油的黏温特性要好。若液压油的黏度随温度变化小，则说

明液压油的黏温特性好。

（2）压力的影响　压力增大时，液压油黏度会变大。但是，这种影响在低压时并不明显，可以忽略不计；当压力大于 20MPa 时，其影响趋于显著。

（二）液压油的分类

液压油的品种繁多，在液压系统的运行故障中液压油选用不当是一个重要的方面。因此，正确合理地选用液压油可以提高液压设备运行的可靠性，延长系统和元件的使用寿命，有助于设备安全运行。

液压油主要可分为矿物油型、乳化型和合成型三类。液压油的品种、组成和特性及其应用场合见表 1-2。

表 1-2　液压油的品种、组成和特性及其应用场合

类型	名称	代号	组成和特性	应用场合
矿物油型	精制矿物油	L-HH	无氧化剂	循环润滑油,低压液压系统
	普通液压油	L-HL	L-HH 油加添加剂,提高抗氧化和缓蚀性能	一般液压系统
	抗磨液压油	L-HM	L-HL 油加添加剂,改善耐磨性能	工程机械、车辆液压系统
	低温液压油	L-HV	L-HM 油加添加剂,改善黏温特性	环境温度在 $-20 \sim -40℃$ 的高压系统
	高黏度指数液压油	L-HR	L-HL 油加添加剂,改善黏温特性,黏温特性优于 L-HV 油	数控机床液压系统和伺服系统
	液压导轨油	L-HG	L-HM 油加添加剂,改善黏温特性	导轨和液压系统共用一种润滑油的机床
乳化型	水包油乳化液	L-HFA	难燃、黏温特性好、防锈、润滑性差	有抗燃要求、油液流量大的系统
	油包水乳化液	L-HFB	防锈、耐磨、阻燃	有抗燃要求的中低压系统
合成型	水-乙二醇液	L-HFC	难燃、黏温特性好、耐蚀性好	有抗燃要求的中低压系统
	磷酸酯液	L-HFDR	难燃、润滑、抗磨抗氧化性好、有毒	有阻燃要求的高压精密系统

（三）液压油的选用

选择液压油需要根据系统类型、工作环境、工况等因素来考虑，包括液压系统的工作压力、温度、工作环境、元件特性及经济性等几个方面。

1. 设备推荐用油

液压油首选设备推荐用油，且在此基础上要考虑液压系统的工作环境和系统的工况条件（工况条件主要是指温度和压力），见表 1-3。

表 1-3 按工作环境选择液压油的品种

工作环境	工况		
	压力:$p \leqslant 7.0$MPa 温度:$t<50$℃	压力:$7.0<p \leqslant 14.0$MPa 温度:$t<50$℃	压力:$p>14.0$MPa 温度:50℃$\leqslant t<100$℃
室内、固定液压设备	L-HL	L-HL、L-HM	L-HM
露天寒冷和严寒区	L-HV	L-HV	L-HV
高温热源或明火附近	L-HFAE	L-HFB、L-HFC	L-HFDR

2. 合适的黏度等级

液压油的种类确定之后,必须确定其黏度等级。因为黏度对液压系统工作的稳定性、可靠性、温升以及磨损等都有显著的影响。在选择黏度时应注意以下几方面的情况。

(1) **按工作机械的不同要求选用** 精密机械与一般机械对液压油黏度的要求不同,为了避免温度升高而引起机件变形,影响工作精度,精密机械宜采用较小黏度的液压油。如机床伺服系统,为保证伺服机构动作的灵敏度,宜采用黏度较小的液压油。

(2) **按液压泵的类型选用** 在液压系统的所有元件中,以液压泵对液压油的性能最为敏感,因其转速最高、工作压力最大、温度也较高,故液压系统常根据液压泵的类型及其要求来选择液压油的黏度。否则,液压泵磨损快,容积效率降低,甚至可能破坏液压泵的吸油条件。

液压泵的类型有齿轮泵、叶片泵、柱塞泵。一般而言,齿轮泵对液压油的耐磨性要求比叶片泵和柱塞泵低,因此,齿轮泵可选用 L-HL 或 L-HM 液压油,而叶片泵和柱塞泵一般选择 L-HM 液压油。

各类液压泵适用的液压油黏度范围见表1-4。

表 1-4 各类液压泵适用的液压油黏度范围

液压泵类型		黏度/(mm^2/s)(40℃)	
		系统温度 5~40℃	系统温度 40~80℃
叶片泵	$p<7.0$MPa	30~50	40~75
	$p \geqslant 7.0$MPa	50~70	50~90
螺杆泵		30~50	40~80
齿轮泵		30~70	95~165
径向柱塞泵		30~50	65~240
轴向柱塞泵		30~70	70~150

(3) **按液压系统的工作压力选用** 通常,当工作压力较高时,宜选用黏度较大的液压油,以免系统泄漏过多、效率过低;当工作压力较低时,宜选用黏度较小的液压油,这样可以减小压力损失。例如,机床液压传动的工作压力一般低于 6.3MPa,选用黏度较小的液压油;工程机械的液压系统,工作压力属于高压,多采用较大黏度的液压油。

(4) **考虑液压系统的环境温度** 由于矿物油的黏度受温度的影响变化很大,因此为保证液压油在工作温度下有适宜的黏度,还必须考虑周围环境的影响,见表1-5。当温度较高时,宜采用黏度较大的液压油以减少泄漏;反之,选择黏度较小的液压油。

表 1-5　按工作温度选择液压油的品种

液压油工作温度/℃	<-10	-10~80	>80
液压油品种	L-HR、L-HV	L-HH、L-HL、L-HM	优等 L-HM、L-HV

（5）按液压系统的运动速度选用　当液压系统运动部件运动速度较快时，宜选用黏度较小的液压油，以减少摩擦损失；反之，选择黏度较大的液压油。

3. 性价比

在液压油的选用中，经济性是不可缺少的一个重要部分。在考虑经济效益的基础上，质量较好的产品应当是首选。

三、液体静力学

液体静力学研究液体处于静止状态下的力学规律以及这些规律的应用。这里所说的静止，是指液体内部质点之间没有相对运动，至于液体整体，完全可以像刚体一样做各种运动。

通过前面对液压千斤顶工作原理（图 1-6）的分析，初步了解到液压传动是依靠液体的压力变化传递动力的。

（一）静压力及其特性

1. 压力的定义

液体单位面积上所受的法向力，物理学中称为压强，液压传动中习惯称压力，通常用 p 表示，即

$$p = \frac{F}{A} \tag{1-6}$$

式中　A——液体有效作用面积（m^2）；

　　　F——液体有效面积 A 上作用的法向力（N）。

2. 压力的单位

在工程实践中用来衡量压力的单位有很多，最常用的有以下两种。

（1）用单位面积上的力来表示　国际单位制中的单位为 Pa（N/m^2）、MPa，$1MPa = 10^6 Pa$。

（2）用（实际压力相当于）大气压的倍数来表示　在液压传动中使用的是工程大气压，记作 at，$1at = 1kgf/cm^2 \approx 10^5 Pa = 1bar$。

3. 液体静压力分布

液体重量也产生压力，压力与深度成比例增大，用 $\rho g h$ 来计算。如图 1-8 所示，液体内距离液面深度为 h 的某一点 A 处的压力 p 为

$$p = p_0 + \rho g h \tag{1-7}$$

式（1-7）为静压力的基本方程，它说明液体静压力分布有以下特征。

1）静止液体中任一点的压力由两部分组成，一部分是液面上的表面压力 p_0，另一部分是该点以上液体自重引起的压力 $\rho g h$。

2）静止液体内的压力随液体距离液面的深度变化呈线性规律分

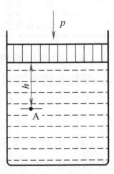

图 1-8　液体内的压力

布，且在同一深度上各点的压力相等。压力相等的所有点组成的面为等压面。很显然，在重力作用下静止液体的等压面为一个平面。

需要注意的是，液体在受外界压力作用的情况下，液体自重所形成的那部分压力 ρgh 相对非常小，在分析液压系统的压力时常可忽略不计，因而可以近似认为整个液体内部的压力是相等的。

（二）压力的表示方法

压力有两种表示方法，即绝对压力和相对压力。以绝对真空为基准来进行度量的压力称为绝对压力；以大气压为基准来进行度量的压力称为相对压力。大多数测压仪表都受大气压的作用，所以，仪表指示的压力都是相对压力，故相对压力又称为表压。绝对压力和相对压力之间的关系如图1-9所示。

在液压与气压传动中，如不特别说明，所提到的压力均指相对压力。

$$\text{相对压力 } p_e = \text{绝对压力 } p_{abs} - \text{大气压力 } p_{amb}$$

如果液体中某点处的绝对压力小于大气压力，则比大气压小的那部分数值称为这点的真空度。

$$\text{真空度} = \text{大气压力 } p_{amb} - \text{绝对压力 } p_{abs}$$

由图1-9可知，以大气压为基准计算压力时，基准以上的正值是表压力，基准以下的负值就是真空度。

（三）帕斯卡定律

帕斯卡定律：在密封容器内，施加于静止液体任一点的静止液体压力将以等值传到液体各点。

在液压传动系统中，外力产生的压力要比液体自重产生的压力大得多，因此认为静止液体内部各点的压力处处相等。

根据帕斯卡定律和静压力的特性，液压传动不仅可以进行力的传递，而且还能将力放大和改变力的方向。图1-10所示为应用帕斯卡定律推导的静压传递原理。图中竖直液压缸（负载缸）的横截面面积为 A_1，水平液压缸的横截面面积为 A_2，两个活塞上的外作用力分别为 F_1 和 F_2，则液压缸内压力分别为 $p_1 = F_1/A_1$、$p_2 = F_2/A_2$。由于两个液压缸充满液体且互相连通，根据帕斯卡定律有 $p_1 = p_2$，因此有

$$F_1 = F_2 \frac{A_1}{A_2} \text{或} \frac{F_1}{F_2} = \frac{A_1}{A_2} \tag{1-8}$$

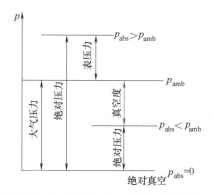

图1-9 绝对压力和相对压力之间的关系

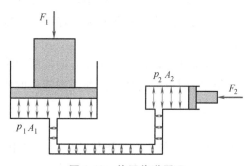

图1-10 静压传递原理

式（1-8）表明，只要 A_1/A_2 足够大，用很小的力 F_2 就可以产生很大的力 F_1。液压千斤顶就是按此原理制成的。

（四）静压力对固体壁面的作用力

液体和固体壁面接触时，固体壁面将受到液体静压力的作用。

当固体壁面为一平面时，如图 1-11 所示，液体压力在该平面上的总作用力 F 等于液体压力 p 与该平面面积 A 的乘积，其作用方向与该平面垂直，即

$$F = pA \tag{1-9}$$

当固体壁面为一曲面时，如图 1-12 所示，液体压力在该曲面某 x 方向上的总作用力 F_x 等于液体压力 p 与曲面在该方向投影面积 A_x 的乘积，即

$$F_x = pA_x \tag{1-10}$$

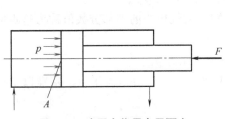

图 1-11　液压力作用在平面上

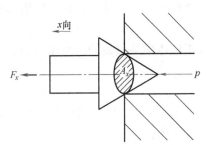

图 1-12　液压力作用在曲面上

四、液体动力学

液体动力学的主要内容是研究液体流动时流速和压力之间的变化规律。流动液体的连续性方程、伯努利方程、动量方程是描述流动液体力学规律的三个基本方程。这些内容不仅构成了液体动力学基础，而且还是液压技术中分析问题和设计计算的理论依据。

（一）流量和流速

压力差会引起液体或气体的流动。当液压系统或气动系统中的两点有不同的压力时，液体或气体就会从压力较高处流动至压力较低处。

实际液体具有黏性，研究液体流动时必须考虑黏性的影响。开始分析时可以假设液体没有黏性，然后再考虑黏性的作用，并通过实验验证等办法对理想化的结论进行补充或修正。一般把既无黏性又不可压缩的假想液体称为理想液体。

液体流动时，如果液体中任何一点的压力、速度和密度都不随时间而变化，便称液体在做恒定流动；反之，只要压力、速度和密度中有一个随时间变化，则称液体的流动为非恒定流动。

液体流动时，垂直于流动方向的断面称为过流断面。

单位时间内流过某过流断面的液体的体积称为流量，常用 q 表示，即

$$q = \frac{V}{t} \tag{1-11}$$

式中　q——流量，在液压传动中流量常用单位为 L/min 或 m^3/s；

　　　V——液体的体积（L 或 m^3）；

t——流过液体体积 V 所需的时间（s）。

由于实际液体具有黏性，因此液体在管道内流动时，过流断面上各点的流速是不相等的，但是速度的分布规律较复杂，计算有困难，因此假设过流断面上各点流速均匀分布。单位过流断面面积上流过的流量称为该过流断面上的平均流速 v，即

$$v = \frac{q}{A} \tag{1-12}$$

式中　A——过流断面面积（m^2）。

（二）液体的流动状态

实际流体运动存在两种状态，即层流和紊流。可以通过雷诺实验观察这两种流动状态，实验装置如图 1-13a 所示。实验时保持水箱中水位恒定，然后将阀门 K 微微开启，使少量水流流经玻璃管，玻璃管内平均流速很小。这时，如将盛满红色水的小容器 B 的阀门 C 开启，使红色水流入玻璃管 D 内，在玻璃管内看到一条明显的红色直线流，这说明红色水和周围的液体没有混杂，管中水流是分层的，层与层之间互不干扰，这种流动状态是层流，如图 1-13 b 所示。如果把阀门 K 缓慢开大，管中流量和平均流速也将逐渐增大至某一数值，红色水流开始弯曲颤动，这说明玻璃管内液体质点不再保持直线流动，开始发生脉动，即玻璃管内液体层流被破坏，液流紊乱，其流动状态如图 1-13c 所示。如果阀门 K 继续开大，平均流速进一步增大，脉动加剧，红色水流完全与周围液体混合，红色充满整段玻璃管，液体的流动杂乱无章，这时的流动状态称为紊流，其流动状态如图 1-13d 所示。

如果将阀门 K 逐渐关小，则玻璃管中的流动状态又从紊流转变为层流。

实验证明，液体在圆管中的流动状态不仅与管内平均流速有关，还与管径 d 和液体的运动黏度 ν 有关，三个参数组成一个判定液体流动状态的无量纲数，即雷诺数 Re

$$Re = v\frac{d}{\nu} \tag{1-13}$$

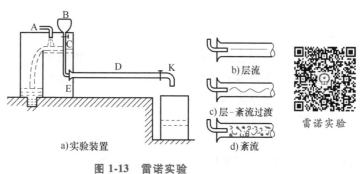

图 1-13　雷诺实验
A—进水管　B—小容器　C、K—调节阀
D—玻璃管　E—玻璃管进口

液流从层流向紊流转变时的雷诺数为上临界雷诺数，由紊流向层流转变时的雷诺数为下临界雷诺数。下临界雷诺数小于上临界雷诺数，一般用下临界雷诺数作为判断液体流态的依据，称为临界雷诺数，记为 Re_c。当实际雷诺数小于 Re_c 时为层流，反之为紊流。常见液流管道的临界雷诺数见表 1-6。

表 1-6　常见液流管道的临界雷诺数

管道形状	Re_c	管道形状	Re_c
光滑金属圆管	2320	带环槽的同心环状缝隙	700
橡胶软管	1600~2000	带环槽的偏心环状缝隙	400
光滑同心环状缝隙	1100	圆柱形滑阀阀口	260
光滑偏心环状缝隙	1000	锥阀阀口	20~100

（三）连续性方程

如图 1-14 所示，假设液体在任意形状的管道内做恒定流动，任意取 1、2 两个不同的过流断面，面积分别为 A_1 和 A_2，液体流过两过流断面时的平均流速分别为 v_1 和 v_2，密度分别为 ρ_1 和 ρ_2，根据质量守恒定律，相同的时间流过 A_1 和 A_2 两断面的液体质量相等，即

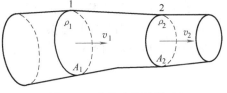

图 1-14　液流连续性原理

$$tv_1A_1\rho_1 = tv_2A_2\rho_2 \tag{1-14}$$

若忽略液体的可压缩性，即 $\rho_1 = \rho_2$，整理后得

$$v_1A_1 = v_2A_2 = 常数 \tag{1-15}$$

式（1-15）为不可压缩液体做恒定流动时的流量连续性方程，它说明：

1）通过无分支的管道任一过流断面的流量相等；

2）液体的平均流速与管道过流断面面积成反比。

（四）伯努利方程

1. 理想液体的伯努利方程

如图 1-15 所示，假设理想液体在变截面管道中做恒定流动，任意取两个过流断面 1 和 2，已知断面 1 与断面 2 的面积分别为 A_1 和 A_2，两断面上的平均流速分别为 v_1 和 v_2，两断面上的压力分别为 p_1 和 p_2，则理想液体在流动的过程中满足以下关系

$$p_1 + \rho g h_1 + \frac{\rho v_1^2}{2} = p_2 + \rho g h_2 + \frac{\rho v_2^2}{2} \tag{1-16}$$

该方程为理想液体的伯努利方程。理想液体伯努利方程的物理意义是：在密闭管道中做恒定流动的理想液体具有压力能、位能和动能三种能量，在流动过程中，三种能量可以相互转化，但三种能量之和为定值。

2. 实际液体的伯努利方程

由于实际液体存在黏性，故管道内过流断面上流速分布不均匀，用平均流速代替实际流速，存在动能误差，为此引入动能修正系数 α。又因为液体具有黏性，液体内各质点间存在内摩擦，液体与管壁之间存在外摩擦，管道局部性质与尺寸变化等都要消耗能量，因此实际液体流动存在能量损失 Δp_w。

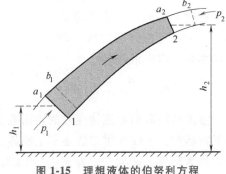

图 1-15　理想液体的伯努利方程

因此，实际液体的伯努利方程为

$$p_1 + \rho g h_1 + \frac{\rho \alpha_1 v_1^2}{2} = p_2 + \rho g h_2 + \frac{\rho \alpha_2 v_2^2}{2} + \Delta p_w \tag{1-17}$$

式中　α——动能修正系数，当流动状态为层流时，$\alpha = 2$；紊流时，$\alpha = 1$。

实际液体的伯努利方程反映了液体流动过程中的能量变化规律，是流体力学中一个重要的基本方程。

（五）管道内的压力损失

在液压传动中，由于管道中的障碍和液体的黏性，液压油流动时存在阻力，克服阻力要

消耗能量，因此产生能量损失，即实际液体的伯努利方程中的压力损失 Δp_w。压力损失由沿程压力损失和局部压力损失两部分组成。压力损失造成功率消耗增加、油液发热、泄漏增加、系统效率下降、性能变坏。压力损失的大小与液体的流动状态有关。

1. 沿程压力损失

液压油沿等径（d）直管流动时，由于液压油有黏性而引起的液压油与管壁之间的外摩擦力和液压油内部的摩擦力造成的损失，称为沿程压力损失，可用式（1-18）进行计算，即

$$\Delta p_\lambda = \lambda \frac{l}{d} \frac{\rho v^2}{2} \tag{1-18}$$

式中的 λ 为沿程阻力系数。对于圆管层流，理论值 $\lambda = 64/Re$，由于实际液流靠近管壁处的冷却作用，使油液黏度增大，流动阻力增大，因此，对金属圆管内层流，常取 $\lambda = 75/Re$，而橡胶管常取 $\lambda = 80/Re$。

根据式（1-18）可知，管道长度（l）越长、管道直径（d）越小、流速（v）越大、液压油黏度越大，液体的沿程压力损失越大；反之，沿程压力损失越小。

2. 局部压力损失

液压油经过局部障碍（如弯头、接口、阀口、过滤器滤网、截面突变等）时，由于液流方向和速度的变化，形成局部漩涡而消耗能量，称为局部压力损失，可根据式（1-19）计算，即

$$\Delta p_\xi = \xi \frac{\rho v^2}{2} \tag{1-19}$$

式中 　ξ——局部阻力系数，可查阅有关手册。

3. 总压力损失

油液流过的管道、接头和阀越多，能量损失就越大。管路中的总压力损失等于所有直管中压力损失和局部压力损失之和，即

$$\Delta p_{总} = \sum \Delta p_\lambda + \sum \Delta p_\xi \tag{1-20}$$

液压系统中，绝大部分压力损失转变为热能，使液压油温度升高、泄漏增多，影响液压系统的工作性能。通过上述分析，减小流速、缩短管长、减少管道截面突变、提高管道内壁加工质量等，都可以减小压力损失，其中以流速的影响最大，所以液体在管道内的流速不宜过高，一般管道内流速限制在 4.5m/s 以下。

（六）小孔的压力流量特性

在液压传动系统中常遇到油液流经小孔或间隙的情况，如节流调速中的节流小孔，液压元件相对运动表面间的各种间隙。研究液体流经这些小孔和间隙的压力流量特性，对于研究节流调速性能和计算泄漏都是很重要的。

液体流经小孔的情况可以根据孔长 l 与孔径 d 的比值分为三种情况：

薄壁小孔：$l/d \leqslant 0.5$；

短孔：$0.5 < l/d \leqslant 4$；

细长孔：$l/d > 4$。

液体在薄壁小孔中的流动如图 1-16 所示。在液体惯性的作用下，外层流线逐渐向管轴方向收缩，逐渐过渡到与管轴线方向平行，在靠近孔口的后方出现收缩最大的过流断面。

对于图 1-16 所示的通过薄壁小孔的液流，取截面 1—1 和 2—2 为计算截面，采用伯努

利方程可得通过薄壁小孔的流量公式为

$$q = A_2 v_2 = C_q A \sqrt{\frac{2}{\rho} \Delta p} \qquad (1\text{-}21)$$

式中　C_q——流量系数；

　　　A——小孔过流断面的面积（m^2）；

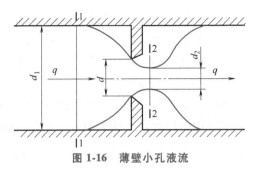

图 1-16　薄壁小孔液流

薄壁孔由于流程很短，流量对油液温度的变化不敏感，因而流量稳定，宜做节流器用。但薄壁孔加工困难，实际应用较多的是短孔。短孔的流量公式依然是式（1-21），但流量系数 C_q 不同。

流经细长孔的液流，由于黏性而流动不畅，故多为层流，其流量计算可以作为圆管层流流量推导出来。

最后，可以归纳出一个通用公式，即

$$q = CA\Delta p^\varphi \qquad (1\text{-}22)$$

式中　C——由孔的形状、尺寸和液体性质决定的系数；

　A、Δp——小孔过流断面的面积（m^2）和两端压力差（MPa）；

　　　φ——由孔的长径比决定的指数，薄壁孔为 0.5，短孔和细长孔为 1。

【知识拓展】

51m 大跨度高喷消防车

51m 大跨度高喷消防车（图 1-17）最大工作高度为 51m，最大工作幅度径为 46.1m。作业时，可满足实时任意调整臂架及水炮姿态功能，臂架动作和水泵作业可同时进行，不影响水泵流量。

该消防车液压系统由主动力液压系统、切换阀组、支腿液压系统、臂架液压系统、应急动力系统组成。其主要液压元件有：液压泵、上下车互锁系统、液压主控比例阀、变幅控制双向平衡阀、上臂控制双向平衡阀、下车主控制阀、下车支腿双向液压锁等。该液压系统的主要功能为实现支腿系统与臂架系统的平稳动作和安全互锁等。

图 1-17　51m 大跨度高喷消防车

【项目实施】

1. 微课学习

液压油的
物理性质

液压油的要求
及选择

液体静力学

液体动力学

连续性方程

伯努利方程

压力损失

2. 液压千斤顶的工作原理分析

1）小组讨论，写出图1-18中液压千斤顶工作原理示意图中的液压元件名称。

1——（   ）；2——（   ）；3——（   ）；4、5——（   ）；6——（   ）；

7——（   ）；8——（   ）；9——（   ）；10——（   ）；11——（   ）。

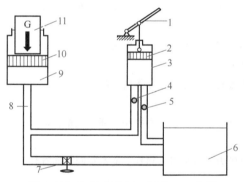

图 1-18 液压千斤顶工作原理示意图

2）小组讨论，写出图1-18中液压千斤顶的工作原理。

3）小组讨论，分析单向阀4、5及截止阀7的作用。

3. 项目评价

序号	检查内容	自我评分	小组评分	教师评分	备注
1	课前预习(20分)				
2	态度端正,学习认真(20分)				
3	能正确写出液压千斤顶工作原理示意图中的液压元件名称(20分)				
4	能正确写出液压千斤顶工作原理(20分)				
5	分析阀4、5、7的作用(20分)				
合计	100分				
总分					

注:总分 = 自我评分×40% + 小组评分×25% + 教师评分×35%。

【思考与练习】

一、填空题

1. 根据度量基准的不同,压力有两种表示方法:绝对压力和( )。

2. 液体在管道中流动时的压力损失有( )和( )两种。

3. 液压油的黏度有动力黏度、( )和( )三种表示方法。

4. 液压千斤顶的吸油过程是将( )转化为( )。

5. 流量连续性方程的物理意义是( )守恒定律在流体力学中的应用。

二、判断题

1. 液压千斤顶中的截止阀起着控制液流方向的作用。( )

2. 液压系统中的压力取决于负载。( )

3. 液体在管道中流动,紊流时黏性力起主导作用。( )

4. 理想流体没有黏性。( )

5. 由于流体具有惯性,液流在管道中流动要损耗一部分能量。( )

三、简答与计算题

1. 什么叫大气压力、相对压力、绝对压力和真空度?它们之间有什么关系?液压系统中的压力指的是什么压力?

2. 什么是层流和紊流?通过什么参数来判断液体的流动状态?这个参数的物理意义是什么?

3. 何为液体的黏性?黏性的实质是什么?什么是黏度?黏度有哪几种表示方法?

4. 如图 1-19 所示:在两个相互连通的液压缸中,已知 $A_1 = 0.01\text{m}^2$,$A_2 = 0.1\text{m}^2$,大液压缸活塞上重物的重力为 $W = 3000\text{N}$,问:小活塞上所加的力 F 为多大才能使大活塞顶起重物?

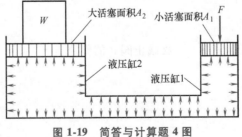

图 1-19　简答与计算题 4 图

5. 如图 1-20 所示，某液压泵从油箱中吸油，若吸油管直径 $d = 60\text{mm}$，流量 $q = 150\text{L/min}$，油液的运动黏度 $\nu = 30 \times 10^{-6}\text{m}^2/\text{s}$，油液密度 $\rho = 900\text{kg/m}^3$，弯头处的局部阻力系数 $\xi = 0.2$，吸油口粗滤器滤网上的压力损失 $\Delta p = 0.02\text{MPa}$。若希望液压泵吸油口处的真空度不大于 0.04MPa，求液压泵的安装（吸油）高度 h（吸油管浸入油液部分的沿程压力损失可忽略不计）。

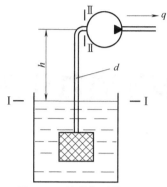

图 1-20　简答与计算题 5 图

模块2

液压动力元件

【模块导读】

一套完整的液压系统由五部分组成，即动力元件、执行元件、控制元件、辅助元件和工作介质。液压动力装置是液压系统的"心脏"，其作用是将原动机（电动机或内燃机）的机械能转换成液体的压力能，为液压系统提供一定流量和压力的液体。

最常见的液压动力元件是液压泵。液压泵按其结构分为齿轮泵、叶片泵、柱塞泵等；按其输出的流量是否改变分为定量泵、变量泵；按输出液体的流向分为单向泵、双向泵；按其工作压力分为低压泵、高压泵等。

通过本模块的学习，可以帮助大家熟悉液压泵的参数，掌握常见液压泵的工作原理、特点和常见故障与排除方法。

项目2 液压泵的选型与故障分析

【项目描述】

液压泵是液压系统的核心元件，它的合理选用，对提高系统的效率、保证系统可靠工作、降低能耗、减少噪声都十分重要。图 2-1 所示为液压压力机，它是利用液压系统工作的，工作压力为 10MPa，进入液压缸的流量为 6L/min。该液压系统的动力元件是液压泵，请为该设备选择合适的液压泵。

【项目要求】

- ➢ 了解液压泵的分类和基本参数。
- ➢ 掌握常见液压泵的工作原理。
- ➢ 了解液压泵常见故障及其原因。
- ➢ 掌握液压泵选型的基本要求。

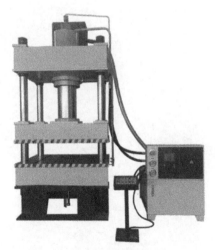

图 2-1 液压压力机

【相关知识】

一、认知液压泵

（一）液压泵的工作原理

液压泵由原动机带动，将机械能转换为液体压力能，向液压系统提供一定流量和压力的液压油，起着向系统提供动力的作用，是液压系统不可缺少的核心元件，其实质是个能量转换装置。液压泵的功能原理如图 2-2 所示。

```
原动机 ──机械能──▶ 液压泵 ──液压能──▶ 执行元件
```

图 2-2　液压泵的功能原理

容积式泵

液压泵都是依靠密封工作腔容积大小的交替变化来实现吸油和压油的，故称之为容积式液压泵。

图 2-3 所示是单柱塞液压泵工作原理图，柱塞 2 和缸体 3 组成一个密闭容积 a，在弹簧 5 的作用下，柱塞 2 始终压紧在偏心轮 1 上。偏心轮 1 由原动机带动旋转，使柱塞 2 做往复运动。当偏心轮向某个方向（称为"前进方向"）旋转时，偏心部分逐渐远离柱塞，导致柱塞在弹簧力的作用下向下移动。随着柱塞的向下移动，容积 a 逐渐增大，形成局部真空，油液在大气压作用下，顶开单向阀 6 进入容积 a 中，此时单向阀 4 闭合，实现吸油。当偏心轮向相反方向（称为"后退方向"）旋转时，偏心部分逐渐接近并挤压柱塞，导致柱塞向上

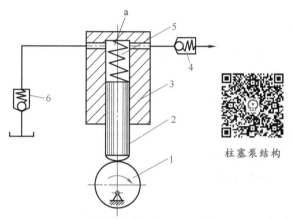

柱塞泵结构

图 2-3　单柱塞液压泵工作原理图
1—偏心轮　2—柱塞　3—缸体
4、6—单向阀　5—弹簧

移动，油液在柱塞的挤压下产生压力，使单向阀 6 关闭，油液顶开单向阀 4 进入系统，实现压油。这样，液压泵就将原动机输入的机械能变成了液体的压力能。原动机驱动偏心轮连续旋转，液压泵就不断地吸油和压油，实现了连续向系统供油的功能。

由此可知，一台液压泵正常工作需要满足如下条件：

1）必须具有一个由运动部件和非运动部件所构成的密闭容积空间，没有密闭空间就不能形成压力或真空。

2）密闭容积的大小随运动件的运动做周期性的变化，容积由小变大时吸油，由大变小时压油。

3）必须有配流机构，其作用是将液压泵的吸油腔和压油腔隔开。当密闭容积增大到极限时，先要与吸油腔隔开，然后转为压油；当密闭容积减小到极限时，先要与压油腔隔开，然后才转为吸油，从而实现液压泵的功能。由于液压泵结构各异，其配流机构的设计也各不相同。

（二）液压泵的分类

按照不同的分类标准，在液压传动系统中常用的液压泵的类型如下。

1. 按液压泵输出流量是否可调节分类

变量液压泵——液压泵输出的流量可以调节，即根据系统的需要，液压泵输出不同的流量。

定量液压泵——液压泵输出的流量不能调节，即单位时间内输出的油液体积是一定的。

2. 按输出油液的流向分类

单向泵——油液只能按一个方向流动，吸、压油方向不能变，即一个口吸油，另一个口压油。

双向泵——油液根据泵的正反转可以沿两个方向流动，即吸油口与压油口可以互换。

液压泵的图形符号如图 2-4 所示。

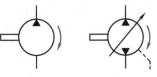

a) 单向定量泵　　b) 双向变量泵
图 2-4　液压泵的图形符号

3. 按液压泵的结构形式不同分类

回转式液压泵——由泵壳与在其中旋转的转子两部分构成，靠泵内一个或一个以上转子的旋转来吸入与排出液压油，又称转子泵，包括齿轮泵和叶片泵。当转子转动时，它与泵壳间形成容积的改变。容积增大的过程，液压油被吸入泵内；容积减小的过程，液压油被排出。

往复式液压泵——依靠活塞、柱塞或隔膜在泵缸内往复运动使缸内工作容积交替增大和缩小来输送液压油或使之增压的容积式泵。往复泵按往复元件不同分为活塞泵、柱塞泵和隔膜泵。

4. 按液压泵的压力不同分类

液压泵按压力不同可分为低压泵、中压泵、中高压泵、高压泵和超高压泵，见表 2-1。

表 2-1　液压泵按压力分类

液压泵的类型	低压泵	中压泵	中高压泵	高压泵	超高压泵
压力范围/MPa	0~2.5	2.5~8	8~16	16~32	32 以上

（三）液压泵的主要性能参数

液压泵的主要性能参数包括压力、流量、排量、功率和效率等。

1. 压力

（1）**工作压力 p**　液压泵实际工作时的输出压力称为工作压力，其大小取决于外负载和排油管路上的压力损失。当外界负载增大时，液压泵的工作压力增大；反之，液压泵的工作压力减小，而与液压泵的流量无关。

（2）**额定压力 p_N**　液压泵在正常工作条件下，按试验标准规定连续运转允许达到的最高压力称为液压泵的额定压力。超过此压力即为过载。液压泵铭牌上所标注的压力即为额定压力。

（3）**最高允许压力 p_{max}**　在超过额定压力的条件下，根据试验标准规定，允许液压泵短暂运行的最高压力称为最高允许压力。不允许液压泵超过最高允许压力运转，否则将会造成安全事故。

2. 排量和流量

（1）**排量 V**　是指液压泵的主轴每旋转一周所排出的液体体积的理论值，用符号 V 表示，单位为 m³/r 或 L/r 或 mL/r，其大小与泵的体积有关。排量可调节的液压泵称为变量泵，排量为常数的液压泵称为定量泵。

（2）**流量 q**　是指液压泵单位时间内排出的液体体积，用符号 q 表示，单位为 L/min 或 m³/s。

流量分理论流量和实际流量。

理论流量是指在不考虑液压泵泄漏的情况下，单位时间内所输出的液体体积，用 q_t 表示。理论流量 q_t 和排量 V 之间的关系为

$$q_t = Vn \tag{2-1}$$

式中　n——液压泵的转速（r/min）。

实际流量是指液压泵在某一具体工况下，单位时间内排出的液体体积，用符号 q 表示，它等于理论流量减去泄漏流量 Δq，即

$$q = q_t - \Delta q \tag{2-2}$$

额定流量是指在正常工作条件下，按试验标准规定（如在额定压力和额定转速下）必须保证的流量，用符号 q_n 表示。因为液压泵存在内漏，所以额定流量与理论流量是不同的。

3. 功率与效率

（1）**输入功率**　液压泵的输入功率是指作用在液压泵主轴上的机械功率，用符号 P_i 表示，单位为 N·m/s 或 W。当输入转矩为 T_i、角速度为 ω 时，有

$$P_i = T_i \omega \tag{2-3}$$

由于原动机与液压泵通常采用联轴器直接连接，传动效率高，故通常认为原动机输出功率等于液压泵的输入功率。

（2）**输出功率**　液压泵的输出功率是指液压泵在工作过程中的实际吸、压油口间的压差 Δp 和实际流量 q 的乘积，通常用符号 P_o 表示，单位为 N·m/s 或 W，即

$$P_o = \Delta p q \tag{2-4}$$

在实际应用中，若油箱通大气，则液压泵吸、压油口间的压力差可用出口工作压力 p 替代，则

$$P_o = pq$$

理论上液压泵的输入功率等于输出功率，实际上液压泵在能量交换过程中是存在能量损失的，即输出功率小于输入功率，两者之间的差值称为功率损失，包括容积损失和机械损失两部分。

（3）**容积损失**　容积损失是指流量损失，主要是液体在液压泵内部泄露造成的损失，即高压油腔的油泄漏流回吸油腔。主要表现为液压泵的实际流量小于其理论流量，通常用容积效率表示。容积效率等于液压泵的实际流量 q 和理论流量 q_t 之比，用符号 η_v 表示，即：

$$\eta_v = \frac{q}{q_t} \times 100\% \tag{2-5}$$

（4）**机械损失**　机械损失是指因液体黏性而引起的液压泵摩擦转矩损失，以及泵内部件相互运动引起的摩擦损失，主要反映在实际输入的转矩 T_i 大于理论所需转矩 T_t，通常用机械效率表示。机械效率等于液压泵的理论转矩 T_t 与实际输入转矩 T_i 的比值，用符号 η_m 表示，即

$$\eta_{\mathrm{m}} = \frac{T_{\mathrm{t}}}{T_{\mathrm{i}}} \times 100\% \tag{2-6}$$

（5）液压泵的总效率 液压泵的总效率是指液压泵的实际输出功率 P_{o} 和其输入功率 P_{i} 之比，用符号 η 表示，即

$$\eta = \frac{P_{\mathrm{o}}}{P_{\mathrm{i}}} = \frac{pq}{T_{\mathrm{i}}\omega} = \eta_{\mathrm{v}}\eta_{\mathrm{m}} \tag{2-7}$$

液压泵的总效率等于容积效率和机械效率的乘积。

【例 2.1】 液压泵的输出压力 $p = 15\mathrm{MPa}$，转速 $n = 1450\mathrm{r/min}$，排量 $V = 50\mathrm{mL/r}$，容积效率 $\eta_{\mathrm{v}} = 0.95$，总效率 $\eta = 0.91$。求液压泵的输出功率和驱动液压泵的电动机的功率。

解：1）液压泵的输出功率

液压泵输出的实际流量为

$$q = q_{\mathrm{t}}\eta_{\mathrm{v}} = Vn\eta_{\mathrm{v}} = 50 \times 10^{-3} \times 1450 \times 0.95 \mathrm{L/min} = 68.88\mathrm{L/min}$$

液压泵的输出功率为

$$P_0 = pq = \frac{15 \times 10^6 \times 68.88 \times 10^{-3}}{60}\mathrm{kW} = 17.22\mathrm{kW}$$

2）电动机的功率为

$$P_{\mathrm{i}} = \frac{P_0}{\eta} = \frac{17.22}{0.91}\mathrm{kW} = 18.92\mathrm{kW}$$

二、齿轮泵

齿轮泵是液压系统中广泛应用的一种液压泵，它是依靠泵壳与啮合齿轮间所形成的容积变化和移动来输送液体并使之增压的回转泵。根据齿轮啮合形式，齿轮泵分为内啮合齿轮泵和外啮合齿轮泵，其中外啮合齿轮泵广泛应用于各种中、低压系统中。齿轮泵在结构上不断完善，可达到较高的工作压力。目前，高压齿轮泵的工作压力可达 14~25MPa。

（一）外啮合齿轮泵的工作原理

外啮合齿轮泵如图 2-5 所示。

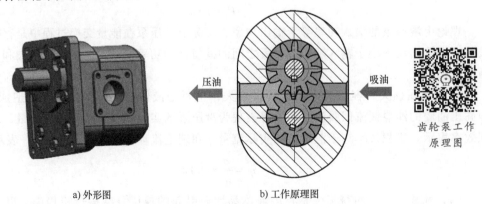

压油　　　　　　　　吸油

齿轮泵工作
原理图

a) 外形图　　　　　　b) 工作原理图

图 2-5 外啮合齿轮泵

在泵壳内有一对齿数、宽度相等的外啮合圆柱齿轮，齿轮由端盖和壳体罩住。壳体、端盖和齿轮的各个齿间槽组成密闭工作腔，啮合齿轮的啮合线和齿顶将左、右两个密闭工作腔

自然分开，实现吸油腔和压油腔的配流，称为自然配流。

当齿轮按图 2-5b 所示方向旋转时，右侧吸油腔由于相互啮合的齿轮逐渐脱开，密封工作腔的容积逐渐增大，形成局部真空。油箱中的油液在外界大气压力的作用下，经吸油管进入吸油腔，将齿槽充满，随着齿轮旋转，油液被带到左侧密封工作腔内。随着左侧腔内的齿轮进入啮合，密封工作腔的容积减小，压力增大，齿槽内的油液被挤压，强行排出，形成高压油液进入管路系统中工作。齿轮泵不需要设置专门的配流机构，这是齿轮泵与其他容积式液压泵的不同之处。

外啮合齿轮泵的优点是结构简单、体积小、重量轻、易加工、成本低、维护方便、自吸能力强、对油液污染不敏感；缺点是一些零件要承受不平衡径向力，磨损严重、泄漏大、工作压力受限，流量脉动大，产生的压力脉动和噪声较大。

（二）内啮合齿轮泵的工作原理

内啮合齿轮泵有渐开线齿轮泵和摆线齿轮泵（又称转子泵）两种，其工作原理也是利用齿间密封容积的变化来实现吸油、压油。

渐开线内啮合齿轮泵与外啮合齿轮泵的工作原理相同，只不过在小齿轮和内齿轮之间有一个月牙形隔板将吸油腔和压油腔隔开。如图 2-6a 所示，当小齿轮带动内齿轮绕各自的中心逆时针方向旋转时，左半部轮齿脱开啮合，形成局部真空，泵吸油；进入齿槽的油液被带到压油腔，右半部轮齿进入啮合，容积减小，从压油口排除。

在摆线内啮合齿轮泵中，小齿轮和内齿轮相差一个齿，如图 2-6b 所示，小齿轮 6 个齿，内齿轮 7 个齿，无需设置隔板。小齿轮和内齿轮多齿啮合，形成若干个封闭容积。小齿轮带动内齿轮同向转动时，各个封闭腔的容积发生周期性变化，从而实现吸油和压油。

内啮合齿轮泵的优点是结构紧凑、尺寸小、重量轻。由于齿轮同向转动，相对滑动小，磨损小，使用寿命长，在高转速下工作时有较高的容积效率；其缺点是齿形复杂，加工精度要求高，需要专门的制造设备，造价高。

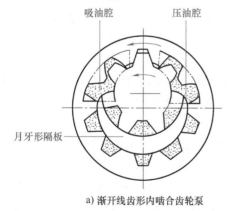
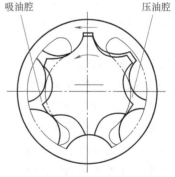

a) 渐开线齿形内啮合齿轮泵　　　　　　b) 摆线齿形内啮合齿轮泵

图 2-6　内啮合齿轮泵

（三）影响齿轮泵工作的因素

由于外啮合齿轮泵采用了普通齿轮的轮齿啮合泵油结构，形成了该齿轮泵的如下几个问题。

1. 内泄漏较严重

外啮合齿轮泵的主要缺点之一是泄漏较大，只适用于低压系统，在高压下容积效率太低。在齿轮泵内部，压油腔中的液压油可通过三条途径泄漏到吸油腔中：一是齿轮啮合处的间隙，称为啮合泄漏；二是径向间隙，称为齿顶泄漏；三是端面间隙，称为端面泄漏。其中，通过端面泄漏量最大，占总泄漏量的 75%～80%。因此要提高齿轮泵的压力和容积效率，就必须对端面间隙进行自动补偿，以减小端面泄漏量。

2. 齿轮啮合区的困油现象

齿轮泵要平稳工作，齿轮啮合的重叠系数必须大于1。也就是说，在一对齿轮即将脱开啮合之前，后面的一对轮齿要进入啮合，并且有一部分油液被围困在两对轮齿所形成的封闭空腔之间，如图2-7所示。这个封闭的容积随着齿轮的转动在不断地发生变化。封闭容积由大变小时，被封闭的油液受挤压并从缝隙中挤出而产生很高的压力，油液发热，并使轴承受到额外负载；而封闭容积由小变大，又会造成局部真空，如果没有油液及时补充进来，会使溶解在油中的气体分离出来，产生气穴现象。这些都将使泵产生强烈的振动和噪声，这就是齿轮泵的困油现象。

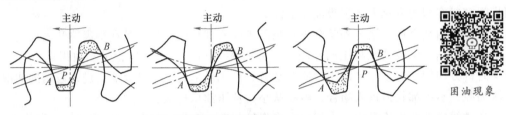

图 2-7 齿轮泵的困油现象

齿轮泵的困油造成了油液的气穴，会引起振动和噪声，破坏了液压传动的稳定性，同时又给泵的回转带来极大的附加径向动载荷，对泵的正常工作造成极大的危害，所以，泵的困油现象需要设法消除。

目前，消除困油的方法通常是在齿轮泵的两侧端盖上铣卸荷槽，当困油受到强烈挤压时，使挤压空间通过卸油槽与压油腔相连通，避免压力急剧上升；而当困油区形成真空负压时，使其与吸油腔相通，这样可以部分解决困油问题。但要注意，两个卸油槽的存在会增加端面泄漏，同时，两个卸油槽之间的距离不可过近，以免吸、压油腔相串通，造成泄漏量的增大。

矩形卸荷槽形状简单，加工容易，基本上能满足使困油卸荷的要求。实测证明，齿轮泵盖上两个卸荷槽的位置向吸油腔偏移一小段距离比对称分布效果更好。

3. 齿轮的径向力不平衡

齿轮泵中的两个齿轮在工作时，作用在齿轮上的径向压力是不均衡的。如图2-8所示，位于压油腔侧的轮齿由于液体的压力高而受到很大的径向力，而处于吸油区的轮齿所受的径向力就较小。在齿轮和壳体内壁的径向间隙中，可以认为压力由压油腔的高压逐渐分级下降到吸油腔压力，这相当于油液作用给齿轮一个很大的径向不平衡作用力，使齿轮和轴承承受很大的偏载。油液的工作压力越大，径向不平衡力也越大，甚至使轴发生弯曲，导致齿顶与壳体产生接触摩擦，同时会加速轴承的磨损，缩短轴承的寿命，所以，齿轮泵的径向不平衡力是阻碍泵工作压力进一步提高的主要原因。

为了减小齿轮泵的径向不平衡力，在齿轮泵上采用缩小压油口的方法，使压力油的径向压力仅作用在1～2个齿的小范围内，同时可适当增大径向间隙，使齿轮在不平衡压力作用

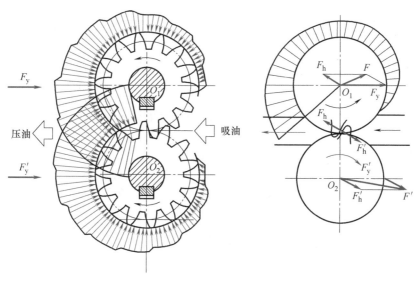

图 2-8　齿轮泵的径向不平衡力

F_y—出口压力　F_h—齿面压力　F—径向不平衡力

下，齿顶不至于与壳体相接触和摩擦。

（四）齿轮泵的特点及故障分析

齿轮泵一般用于工作环境较差的工程机械和精度不高的一般机床，以及压力不太高而流量较大的液压系统。

1. 齿轮泵的优点

1）结构简单，工艺性较好，成本较低。

2）与同样流量的其他各类泵相比，结构紧凑、体积小。

3）自吸性能好，无论在高、低转速甚至在手动情况下都能可靠地实现自吸。

4）转速范围大，因泵的传动部分以及齿轮基本上都是平衡的，在高转速下不会产生较大的惯性力。

5）油液中污物对其工作影响不严重，不易咬死。

2. 齿轮泵的缺点

1）工作压力较低，齿轮泵的齿轮、轴及轴承上受的压力不平衡，径向负载大，限制了泵压力的提高。

2）容积效率较低，这是由于齿轮泵的端面泄漏大造成的。

3）流量脉动大，引起压力脉动大，使管道、阀门等产生振动，噪声大。

3. 齿轮泵常见故障的产生原因及排除方法

齿轮泵常见故障的产生原因及排除方法见表 2-2。

表 2-2　齿轮泵常见故障的产生原因及排除方法

故障现象	产生原因	排除方法
泵噪声过大	1）吸油管路或过滤器堵塞 2）泵体与泵盖密封不良、有空气吸入 3）吸油高度太大或油箱液面低	1）清理去污，使吸油管路畅通 2）研磨泵体与泵盖的接合面，加强密封 3）降低吸油高度，向油箱加油

（续）

故障现象	产生原因	排除方法
泵噪声过大	4)油封损坏 5)泵与联轴器不同轴或松动 6)液压油黏度太大 7)转速太高 8)齿形精度不高或接触不良,泵内零件损坏	4)更换油封 5)调整同轴度使其同轴,紧固连接件 6)更换黏度适当的液压油 7)降低转速至合理值 8)研磨修整或更换齿轮,更换损坏零件
泵输出流量不足甚至完全不排油	1)原动机转向不对,造成不吸油 2)油箱液面过低 3)吸油管路或过滤器堵塞 4)泵转速过低 5)液压油黏度过大 6)轴向间隙和径向间隙过大	1)调整转向 2)补油至油标线 3)清理去污 4)调整至合理转速 5)选择合适黏度的液压油 6)更换或重新配研零件
泵输出油压力低或没有压力	1)溢流阀失灵 2)侧板和轴套与齿轮端面严重摩擦 3)泵端盖螺栓松动	1)调整、拆卸、清洗溢流阀 2)修理或更换侧板和轴套 3)拧紧螺栓
泵温升过高	1)压力过高,转速过快 2)液压油黏度过大 3)油箱散热条件差 4)卸荷方法不当 5)液压油在油管中流速过高,压力损失过大	1)调整压力阀,降低转速到规定值 2)合理选用黏度适宜的液压油 3)加大油箱容积或增加冷却装置 4)改进卸荷方法 5)调整系统布局
外泄漏	1)密封圈失效 2)泵盖与密封配合过松 3)泵内零件磨损,间隙过大 4)组装螺栓松动	1)更换密封圈 2)调整配合间隙 3)更换或重新配研零件 4)拧紧螺栓

三、叶片泵

叶片泵具有结构紧凑、体积小、运转平稳、噪声小、使用寿命较长等优点,在机床液压系统中应用最为广泛。叶片泵按输出流量是否可变,可分为定量叶片泵和变量叶片泵;按每转吸、压油次数和轴、轴承等零件所承受的径向液压力,又分为单作用叶片泵（变量叶片泵）和双作用叶片泵（定量叶片泵）。

（一）单作用叶片泵

1. 单作用叶片泵的工作原理

如图 2-9 所示,单作用叶片泵由叶片 1、定子 2、转子 3、壳体 4 等组成,它们共同组成了叶片泵的密封工作腔。定子的内表面是圆柱表面,转子偏心地安装在定子中间,叶片安装在转子上的槽内,并可在槽中灵活滑动,在配油盘上开有吸油口和压油口。当转子按图示方向回转时,在定子油腔右部,由于离心力和叶片根部压力油的作用,叶片顶部伸出并贴紧在定子内表面上,叶片间的工作空间逐渐增大,形成了吸油条件,将油液从吸油口吸入;当转子继续转动到定子油腔左边时,叶片被定子内壁逐渐压进槽内,密封空间减小,形成压油条件,将油液从压油口压出。

在吸油区和压油区之间，各有一段封油区，把它们相互隔开。这种泵的转子每转一转，完成吸油和压油动作各一次，故称单作用叶片泵。由于单作用叶片泵转子受到的径向液压力是不对称的，轴上所受径向力不平衡，故又称非卸荷（非平衡）式叶片泵。正是由于转子受不平衡的径向液压力的作用，轴承将承受较大的负载，其寿命较短，不宜用于高压系统。

当改变定子和转子间的偏心距 e 的大小时，便可改变泵的排量，故单作用叶片泵可以做成变量泵。当 $e=0$ 时，即转子中心与定子中心重合时，泵的流量为零。

单作用叶片泵的流量是有脉动的，理论分析表明：泵内叶片数量越多，流量脉动率越小；奇数叶片泵的脉动率比偶数叶片泵的脉动率小，故单作用叶片泵的叶片均为奇数。

2. 单作用叶片泵的特点

1）泵流量可以调节。改变定子和转子之间的偏心距大小，便可改变各个密封容积的变化幅度，可在从零到某一最大值之间连续或者有级地改变排量，从而达到调节泵流量的目的。

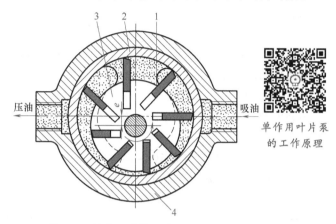

单作用叶片泵的工作原理

2）吸、压油路可以反向。当转子与定子的偏心方向反向时，外部油路的吸油、压油方向也相反，所以可以实现吸、压油路的方向改变。

图 2-9　单作用叶片泵的工作原理
1—叶片　2—定子　3—转子　4—壳体

3）转子的径向力不平衡。由于定子与转子的偏心安装结构，叶片泵的转子受不平衡的径向力的作用，轴承负载较大，寿命较短，所以这种泵一般只用于低压系统。

4）叶片后倾。为保证叶片受力状况良好，能灵活地在槽内滑动，单作用叶片泵的叶片沿旋转方向向后倾斜24°左右。

（二）双作用叶片泵

1. 双作用叶片泵的工作原理

如图 2-10 所示，转子轴线与定子轴线重合，定子内表面由两段长半径 R 的圆弧、两段短半径 r 的圆弧和四段过渡曲线所构成。当转子按图示方向转动时，由于离心力和叶片底部压力油的作用，叶片顶部紧贴定子内表面，在定子、转子、相邻两叶片之间和两端面的配流盘间形成若干个密封工作油腔。处于右上角和左下角处的叶片在转子转动时逐渐伸出，

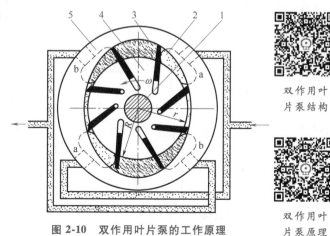

双作用叶片泵结构

双作用叶片泵原理

图 2-10　双作用叶片泵的工作原理
1—转轴　2—配流盘　3—叶片　4—转子　5—定子
a—吸油口　b—压油口

密封工作油腔的容积逐渐增大，形成局部真空，于是通过配流盘的吸油口、吸油管，将油箱中的油液吸入到泵的吸油腔。图中右下角和左上角处的叶片逐渐被定子内表面推入槽内，密封工作油腔的容积逐渐减小，局部压力增大，将吸油腔带入的油液经压油口、配流盘、压油管输出。在吸油腔和压油腔之间也有一段封油区，将吸、压油腔隔开。这种泵的转子每转一周，每个密封工作油腔完成两次吸、压油过程，故称为双作用叶片泵。

双作用叶片泵由于有两个吸油腔和两个压油腔，并且各自的中心夹角是对称的，作用在转子上的油液压力相互平衡，因此双作用叶片泵又称卸荷式叶片泵。为使径向力完全平衡，密封空间数（即叶片数）应当保持双数，一般取叶片数为 12 片或 16 片。双作用叶片泵为定量泵。

2. 双作用叶片泵的特点

1）只能用作定量泵。与单作用叶片泵不同，双作用叶片泵的转子中心和定子中心同心，故双作用叶片泵只能用作定量泵使用。

2）径向液压力相互平衡。由于双作用叶片泵的两个吸、压油区是径向对称的，故在转子、传动轴及轴承上所作用的径向液压力相互平衡，有利于泵的工作压力的提高，且寿命较长。

3）叶片沿旋转方向前倾 $10° \sim 14°$，以减小压力角。

叶片泵的常见故障及排除方法见表 2-3。

表 2-3　叶片泵的常见故障及排除方法

现象	产生原因	排除方法
液压泵吸不上油或无压力	1）原动机与液压泵旋向不一致 2）油箱液面过低 3）吸油口管路或过滤器堵塞 4）原动机转速太低 5）油液黏度过大,使叶片运动不灵活	1）纠正原动机旋向 2）补油至油标线 3）疏通吸油管路,清洗过滤器 4）提高转速,达到液压泵最低转速以上 5）选用推荐黏度的油液
噪声过大	1）吸油管道漏气 2）吸油不充分 3）泵轴与原动机不同轴或松动 4）泵转速过高 5）泵压力过高 6）定子内表面拉毛 7）个别叶片运动不灵活或装反	1）检查管道各连接处,并予以密封、紧固 2）处理方法如下 ①补充油液至最低油标线以上 ②清洗过滤器 ③清洗管道,选用不小于泵入口通径的吸入管 ④选用推荐黏度的油液 3）重新安装,达到说明书要求的精度 4）选用推荐转速范围 5）降压至额定压力以下 6）抛光定子内表面 7）逐个检查、重装,不灵活叶片重新研配
泵温升过高	1）油箱散热条件差 2）油液黏度太小,内泄过大 3）工作压力过高 4）回油口直接接到泵入口 5）压力过高,转速太快 6）叶片与定子内表面磨损严重	1）加大油箱容积或增加冷却装置 2）选用推荐黏度的油液 3）降压至额定压力以下 4）回油口接至油箱液面以下 5）调整压力阀,降低转速到规定值 6）修磨或更换叶片、定子,采取措施减小磨损

（续）

现象	产生原因	排除方法
外渗漏	1) 密封老化或损伤 2) 吸、压油口连接部位松动 3) 泵内零件磨损、间隙过大 4) 外壳体砂眼	1) 更换密封 2) 紧固螺钉或管接头 3) 更换或重新研配零件 4) 更换外壳体

四、柱塞泵

柱塞泵是通过柱塞在缸体中做往复运动引起密封容积的变化来实现吸油与压油的一种液压泵。与齿轮泵和叶片泵相比，柱塞泵有许多优点：①构成密封容积的零件为圆柱形的柱塞和缸孔，加工方便，可得到较高的配合精度，密封性能好，泵的内泄漏很小，在高压条件下工作，具有较高的容积效率，所允许的工作压力高，这是柱塞泵最显著的优点；②只须改变柱塞的工作行程就能改变流量，易于实现变量；③柱塞泵中的主要零件均受压应力作用，材料强度性能可得到充分利用。

由于柱塞泵的结构紧凑，工作压力高、效率高，流量调节方便等诸多优点，故常用在需要高压、大流量、大功率和流量需要调节的系统中，在起重运输机械、铸锻设备、工程机械、矿山冶金机械、船舶、挖掘机等设备中得到广泛应用。

柱塞泵按柱塞相对于驱动轴位置排列方向的不同，可分为径向柱塞泵和轴向柱塞泵。

（一）径向柱塞泵的工作原理

径向柱塞泵的工作原理如图 2-11 所示。它由柱塞 1、缸体 2、定子 3、配流衬套 4、配流轴 5 等组成，柱塞径向均匀排列在缸体中且可自由滑动，缸体和定子须偏置安装。缸体 2 由原动机带动，连同柱塞 1 一起旋转，柱塞 1 在离心力或压力油的作用下压紧定子 3 的内壁。当缸体按图示方向回转时，由于缸体和定子之间有偏心距 e，因此柱塞绕经上半周时要向外伸出，柱塞底部的容积则逐渐增大，形成真空，经过配流衬套 4（配流衬套 4 压紧在缸体内，并和缸体一起回转）上的油孔从配油轴 5 的吸油口吸油；当柱塞转到下半周时，定子内壁将柱塞向里推，柱塞底部的容积逐渐减小，向配油轴的压油口压油。当缸体回转一周时，每个柱塞底部的密封容积完成一次吸油和压油，缸体连续运转，即完成吸、压油工作。

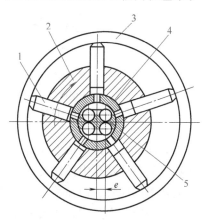

图 2-11　径向柱塞泵的工作原理
1—柱塞　2—缸体　3—定子
4—配流衬套　5—配油轴

径向柱塞泵的输出流量受偏心距 e 大小控制。若偏心距 e 做成可调的（一般是使定子做水平移动，以调节偏心距 e），径向柱塞泵就成为变量泵；偏心的方向改变，吸油口和压油口也随之变换，从而形成了双向变量泵。

由于径向柱塞泵的柱塞是沿转子的径向分布的，所以泵的外形结构尺寸大，配油轴的结构较复杂，自吸能力较差。而且由于配油轴受到径向不平衡液压力的作用，易单向弯曲并加剧磨损，从而限制了径向柱塞泵转速和压力的提高。近些年来，径向柱塞泵的应用开始减少，逐渐被轴向柱塞泵所代替。

（二）轴向柱塞泵的工作原理

为了将原动机的旋转运动转换成柱塞的往复运动，轴向柱塞泵都具有倾斜结构，当缸体轴线与传动轴轴线重合时，称为斜盘式（直轴式）轴向柱塞泵。

图 2-12 所示为斜盘式轴向柱塞泵的工作原理，其柱塞的轴线与回转缸体的轴线平行。它主要由柱塞 6、缸体 4、配油盘 1 和斜盘 10 等组成。斜盘 10 与配油盘 1 固定不动，斜盘的法线与回转缸体轴线的交角为 γ。传动轴 2 与缸体通过键连接并带动其旋转。在缸体的等径圆周处均匀分布了若干个轴向柱塞孔，每个孔内装一个柱塞。带有球头的连杆 7 在中心弹簧 5 的作用下，通过压板 8 使各柱塞头部的滑履 9 与斜盘靠牢。同时，套筒 3 左端的凸缘将缸体 4 与配油盘 1 紧压在一起，消除了两者接触面间的间隙。

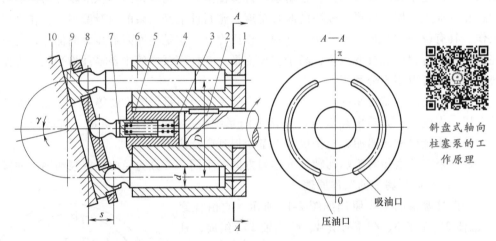

图 2-12　斜盘式轴向柱塞泵的工作原理
1—配油盘　2—传动轴　3—套筒　4—缸体　5—中心弹簧
6—柱塞　7—连杆　8—压板　9—滑履　10—斜盘

当原动机通过传动轴带动缸体按图示方向旋转时，由于斜盘和压板的作用，迫使柱塞在回转缸体的各柱塞孔中做往复运动。在配油盘的 A—A 剖视图的右半周，柱塞随回转缸体由下向上转动的同时，向左移动，柱塞与柱塞孔底部密封油腔的容积由小变大，其内压力降低，产生一定的真空度，通过配油盘上的吸油口从油箱中吸油；在左半周，柱塞随回转缸体由上向下转动的同时，向右移动，柱塞与柱塞孔底部密封油腔的容积由大变小，其内压力升高，通过配油盘上的压油口将油压入液压系统中，实现压油。配油盘上吸油口和压油口之间的密封区宽度应稍大于柱塞缸体底部通油孔的宽度，但不能相差太大，否则会发生困油现象。一般在两配油口的两端部开有小三角槽，以减少冲击和噪声。

若改变斜盘倾角 γ 的大小，就能改变柱塞的行程长度，也就改变了泵的排量；若改变斜盘倾角 γ 的方向，就能改变泵的吸、压油的方向。因此，轴向柱塞泵一般制作成双向变量泵。

（三）柱塞泵的优缺点

1. 柱塞泵的优点

1）工作压力高。柱塞泵主要零部件都承受压力，充分发挥了材料性能。

2）效率高。由于柱塞泵的密封工作腔是柱塞在缸体内孔中往复移动得到的，其相对配合的柱塞外圆及缸体内孔加工精度容易保证，因此泄漏较小，容积效率较高。

3）结构紧凑、重量轻。轴向柱塞泵径向尺寸小，转动惯量也较小。

4）流量调节方便、自吸能力强。只要改变柱塞行程便可改变液压泵的流量，并且易于实现单向或双向变量。

2. 柱塞泵的缺点

1）造价高。柱塞泵结构较其他形式复杂，材料及加工精度较高，制造工作量较大。

2）轴向力大。柱塞泵轴向尺寸大，轴向作用力大。

柱塞泵特别适合于高压、大流量和流量需要调节的场合下，如工程机械、液压机、重型机床等设备中。

（四）轴向柱塞泵常见故障及排除方法

轴向柱塞泵常见故障及排除方法见表2-4。

表 2-4　轴向柱塞泵常见故障及排除方法

故障现象	产生原因	排除方法
流量不够	1）原动机转向不对 2）油箱液面过低 3）吸油管路或过滤器堵塞 4）电动机转速过低 5）油液黏度过大 6）柱塞与缸体或配油盘与缸体间磨损，引起缸体与配油盘间失去密封	1）纠正转向 2）补油至油标线 3）疏通吸油管路，清洗过滤器 4）使转速达到液压泵的最低转速以上 5）检查油质，更换黏度适合的液压油或提高油温 6）更换柱塞，修磨配油盘与缸体的接触面，保证接触良好
噪声过大	1）泵体内留有空气 2）油箱液面过低 3）泵与原动机不同轴或松动 4）油液黏度过大 5）吸油管路或过滤器部分堵塞 6）转速太高	1）排除泵内的空气 2）补油至油标线 3）重新调整，使原动机与泵同轴 4）更换黏度适当的液压油 5）去除污物 6）使转速降低至允许值
泵温升过高	1）压力过高，转速太快 2）油液黏度过大 3）油箱散热条件差 4）油箱容积太小	1）调整压力阀，降低转速到规定值 2）合理选用黏度适宜的油液 3）加大油箱容积或增加冷却装置 4）加大油箱，扩大散热面积
外泄漏	1）密封圈破损 2）密封表面不良 3）组装螺钉松动	1）更换密封圈 2）检查修理 3）拧紧螺钉

五、液压泵的选用

液压泵是为液压系统提供一定流量和压力的液压油的动力元件，是每个液压系统不可缺少的核心元件。合理使用液压泵，对于降低液压系统的能耗，提高液压系统的效率，降低噪声，改善工作性能和保证液压系统的可靠工作都十分重要。

选择液压泵的主要原则是满足系统的工况要求，并以此为根据，确定泵的输出流量、工作压力和结构形式。

1. 确定泵的输出流量

泵的流量应满足执行元件最高速度要求，所以泵的输出流量 q_p 应根据系统所需的最大流量和泄漏量来确定，即

$$q_p = Kq_{max} \tag{2-8}$$

式中　q_p——泵的输出流量；

K——系统的泄漏系数，一般 $K = 1.1 \sim 1.3$（管路长取大值，管路短取小值）；

q_{max}——执行元件实际需求的最大流量。

2. 确定泵的工作压力

泵的工作压力应根据系统中的最高工作压力来确定，即

$$p_p \geqslant p_{max} \tag{2-9}$$

式中　p_p——泵的工作压力；

p_{max}——系统的最高工作压力。

液压泵铭牌上标注的是额定压力，在选择液压泵时，额定压力应等于或略高于计算值。

3. 选择泵的结构形式

首先，要了解各种液压泵的性能特点。各种常见液压泵的性能和应用场合见表 2-5。

表 2-5　常见液压泵的性能和应用场合

性能和应用场合	齿轮泵	双作用叶片泵	径向柱塞泵	轴向柱塞泵
工作压力/MPa	<20	6.3~21	10~20	20~35
排量调节	不能	不能	能	能
效率	低	较高	高	高
输出流量脉动	很大	一般	一般	一般
自吸特性	好	较差	差	差
噪声	大	小	大	大
应用场合	机床、工程机械、船舶、一般机械的润滑系统等	机床、工程机械、液压机、起重机等	工程机械、运输机械、锻压机械、农业机械、飞机等	

其次，在满足系统使用要求的前提下，考虑其价格、质量、维护、外观等因素。

一般来说，由于各类液压泵各自突出的特点，其结构、功用和转动方式各不相同，因此应根据不同的使用场合选择合适的液压泵。一般在机床液压系统中，往往选用双作用叶片泵；而在筑路机械、港口机械以及小型工程机械中往往选择抗污染能力较强的齿轮泵；在负载大、功率大的场合往往选择柱塞泵。

【知识拓展】

隧道掘进机

隧道掘进机（图 2-13）号称"工程机械之王"，是集机械、电气、液压、传感、信息、力学、导向研究等技术于一体的大型高端装备。在我国，一般将用于水下及软土地层的隧道掘进机称为盾构机。然而，就在十几年前，我国施工用隧道掘进机大部分还依赖进口。

2008 年，我国第一台拥有自主知识产权的复合式土压平衡盾构机——中国中铁 1 号下线，从此，盾构机在我国开始了突飞猛进的发展。中国中铁先后成功研制出世界最大直径矩形盾构机、世界最大直径硬岩掘进机、世界首台马蹄形盾构机、中国首台 15m 级超大直径泥水盾构机、世界首台超小转弯半径 TBM "文登号" 盾构机等一大批具有开创性、奠基性和战略性的产品，攻克了超大直径、超小直径、极限工况下的装备设计、制造关键技术，形成 16 项国际领先技

图 2-13　隧道掘进机

术，实现了从跟跑、并跑再到领跑的转变，已经成为世界掘进机策源地。如今，以中铁装备为代表的国产隧道掘进机在国内新增市场占有率已达 95% 以上，并占据全球 2/3 的市场份额。

液压传动与控制在盾构施工中发挥着极其重要的作用，盾构机的绝大部分工作机构主要是由液压系统驱动的。

【项目实施】

1. 微课学习

液压泵的
原理、分类

液压泵
主要参数

齿轮泵

叶片泵

柱塞泵

2. 项目分析

已知液压压力机的工作压力为 10MPa，进入液压缸的流量为 6L/min，要为设备选择合适的液压泵，主要确定泵的工作压力、输出流量及泵的类型。

3. 确定泵的工作压力

4. 确定泵的输出流量

5. 确定驱动电动机的功率

6. 确定泵的型号

7. 项目评价

序号	检查内容	自我评分	小组评分	教师评分	备注
1	课前预习(10分)				
2	态度端正,学习认真,着装合规(10分)				
3	能够正确选择液压泵的工作压力(20分)				
4	能够正确选择液压泵的输出流量(20分)				
5	确定驱动电动机的功率(20分)				
6	能够正确选择液压泵的类型(10分)				
7	项目任务的完成度(10分)				
合计	100分				
总分					

注:总分=自我评分×40% +小组评分×25% +教师评分×35%。

【思考与练习】

一、填空题

1. 泵的输出功率与输入功率的比值称为泵的 ( )。

2. 齿轮泵按齿轮啮合形式的不同分为 ( ) 和 ( )。

3. 单作用叶片泵可以通过改变偏心距来实现 ( ),而双作用叶片泵则不能。

4. 齿轮泵工作时,压油腔的油压高于吸油腔的油压,从而产生 ( )。

二、选择题

1. 解决齿轮泵困油现象的最常用方法是 ( )

A. 降低转速　　　　B. 开卸荷槽　　　　C. 增大吸油口　　　　D. 降低油温

2. 下列泵中，主要零部件承受压力作用的是（　　）

A. 外啮合齿轮泵　　　B. 单作用叶片泵　　　C. 内啮合齿轮泵　　　D. 柱塞泵

三、简答题

1. 简述容积式液压泵的基本特点。

2. 容积式液压泵正常工作需要满足什么条件？

3. 什么是液压泵的额定压力和额定流量？

4. 什么是齿轮泵的困油现象？困油现象有什么危害？用什么方法减少或较好地解决齿轮泵的困油问题？

5. 简述齿轮泵、叶片泵、柱塞泵的优缺点及应用场合。

四、计算题

某液压泵的输出压力为5MPa，排量为20mL/r，转速为1450r/min，机械效率为0.9，容积效率为0.95，请问泵的输出功率和驱动泵的电动机的功率各是多少？

模块3

液压执行元件

【模块导读】

任何一台液压设备或装置的液压系统中，都存在液压执行元件。它是将液压泵提供的液压能转变为机械能的能量转换装置，包括液压缸和液压马达。

液压缸作为将液压能转变为机械能的、做直线往复运动（或摆动运动）的液压执行元件，结构简单、工作可靠，用它来实现往复运动，可免去减速装置，并且没有传动间隙，运动平稳，因此在各种机械的液压系统中得到广泛应用。由于工作机的运动速度、运动形式及负载变化的种类不同，所以液压缸的规格和种类繁多。应重视液压缸的设计，包括液压缸主要尺寸的计算及校核。

液压马达是把液体的压力能转换为机械能的、做旋转运动的液压执行元件。从原理上讲，液压马达与液压泵一样，都是靠工作腔密封容积的大小变化而工作的，从能量转换的观点看，两者具有可逆性。但由于两者的工作状态不同，且在结构上又存在某些差异，因此它们一般不能互逆使用。

通过本模块的学习，可以帮助大家在分析、设计液压系统时，能够根据机器设备或装置的功能需求，选择合适的液压执行元件。

项目 3.1 挖掘机工作装置液压缸的设计及分析

【项目描述】

液压系统是挖掘机动力传输系统的主要组成部分：液压泵提供动力，液压缸或液压马达完成力的传递。如图 3-1 所示，履带式挖掘机的基本结构由工作装置、车体部分和底盘部分三部分组成。其中工作装置包含动臂、斗杆、铲斗及相应的液压缸与管路等元件。

液压缸和
液压马达

挖掘机在挖掘土方作业过程中，由动臂液压缸推动动臂、斗杆液压缸推动斗杆、铲斗液压缸推动铲斗三个动作复合联动，驱动铲斗完成挖掘和卸料动作。驱动履带挖掘机动臂动作的执行元件是液压缸，请为设备选择合适的动臂液压缸。

工作装置:
动臂、斗杆、铲斗及管路、液压缸

车体部分:
驾驶室、回转机构等

底盘部分:
履带架等

图 3-1　履带式挖掘机的基本结构

【项目要求】

> 熟悉液压缸的类型和特点。
> 掌握活塞式、柱塞式液压缸与组合式液压缸的结构特点及应用。
> 能说明单活塞杆液压缸差动连接的工作原理。
> 熟悉液压缸的典型结构与组成。
> 能计算液压缸的主要结构参数。

【相关知识】

一、认知液压缸

液压缸是液压系统中的执行元件,它的功能是把液体压力能转变为往复运动的机械能或者摆动的机械能。

（一）液压缸的类型及特点

液压缸用途广泛、种类繁多,分类方法各异。

1)按运动形式分为往复直线运动式液压缸和摆动式液压缸。往复直线运动式液压缸实现往复运动,输出推力和速度;摆动式液压缸能实现小于 360° 的往复摆动,输出转矩和角速度。往复直线运动式液压缸按结构形式分为活塞式、柱塞式两类;活塞式液压缸根据活塞杆数的不同,分为单活塞杆液压缸和双活塞杆液压缸。

2)按作用方式分为单作用液压缸和双作用液压缸。单作用液压缸是单向液压驱动,回程需借助自重、弹簧力或其他外作用力来实现,如图 3-2 所示。双作用液压缸的两个运动方向都靠液体压力来实现,即双向液压驱动。

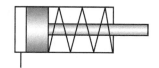

图 3-2　单作用液压缸

双活塞杆液压
缸工作

双作用液压
缸工作视频

3）按缸的特殊用途可分为串联缸、增压缸、增速缸、步进缸和伸缩套筒缸等。这些液压缸都不是一个单纯的缸筒，而是和其他缸筒和构件组合而成的，所以从结构上看，这些液压缸又称为组合缸。

（二）活塞式液压缸

根据使用要求不同，活塞式液压缸可分为双活塞杆液压缸和单活塞杆液压缸两种，其安装形式有缸筒固定和活塞杆固定两种。

1. 单活塞杆液压缸

单活塞杆液压缸（图3-3）只有一端有活塞杆，不管哪种安装方式，工作台移动范围都是活塞或缸体有效行程 l 的两倍。

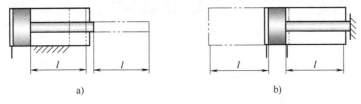

a)   b)

图 3-3　单活塞杆液压缸

图3-4所示为双作用单活塞杆液压缸的工作原理。单活塞杆液压缸只有一端伸出活塞杆，两腔有效工作面积不相等。

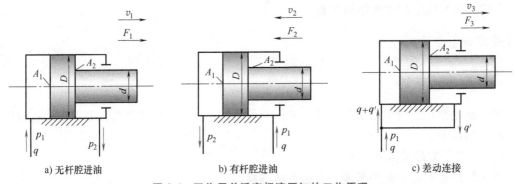

a) 无杆腔进油　　　　　　b) 有杆腔进油　　　　　　c) 差动连接

图 3-4　双作用单活塞杆液压缸的工作原理

1）当无杆腔进油、有杆腔回油时，如图3-4a所示，活塞的推力 F_1 和运动速度 v_1 分别为

$$F_1 = p_1 A_1 - p_2 A_2 = \frac{\pi}{4} \left[p_1 D^2 - p_2 (D^2 - d^2) \right] \qquad (3\text{-}1)$$

$$v_1 = \frac{q}{A_1} = \frac{4q}{\pi D^2} \qquad (3\text{-}2)$$

式中　q——输入流量；

A_1、A_2——活塞有效工作面积；

D、d——活塞、活塞杆的直径；

p_1、p_2——液压缸进、出油口压力。

2）当有杆腔进油、无杆腔回油时，如图3-4b所示，活塞的推力 F_2 和运动速度 v_2 分别为

$$F_2 = p_1 A_2 - p_2 A_1 = \frac{\pi}{4}\left[p_1\left(D^2 - d^2 \right) - p_2 D^2 \right] \tag{3-3}$$

$$v_2 = \frac{q}{A_2} = \frac{4q}{\pi\left(D^2 - d^2 \right)} \tag{3-4}$$

3）差动连接。单活塞杆液压缸在其左、右两腔都接通高压油时称为差动连接，如图 3-4c 所示。差动连接液压缸左、右两腔的油液压力相同，但是由于左腔（无杆腔）的有效工作面积大于右腔（有杆腔）的有效工作面积，故活塞向右运动，同时使右腔中排出的油液（流量为 q'）进入左腔，加大了流入左腔的流量（$q+q'$），因而在不增加液压泵流量的情况下提高了活塞移动的速度。

三种进油方式展示

差动连接时，活塞推力为

$$F_3 = p_1\left(A_1 - A_2 \right) = \frac{\pi}{4} p_1 d^2 \tag{3-5}$$

差动连接时，若活塞的运动速度为 v_3，则进入无杆腔的流量为 $q_1 = A_1 v_3$，有杆腔的压油量为 $q' = A_2 v_3$，因为 $q_1 = q + q'$，则

$$q_1 = \frac{\pi}{4} D^2 v_3 = q + \frac{\pi}{4}\left(D^2 - d^2 \right) v_3 \tag{3-6}$$

由式（3-6）推导出

$$v_3 = \frac{4q}{\pi d^2} \tag{3-7}$$

由式（3-1）~式（3-7）可看出：单活塞杆液压缸当无杆腔进油时，活塞可获得较小的速度和较大的推力；而当有杆腔进油时，活塞可获得较大的速度和较小的推力；差动连接时活塞可获得更大的运动速度。如果在机床液压系统中通过控制阀来实现三种不同的进油方式，通常可实现工作台的快速进给（差动连接）→工作进给（无杆腔进油）→快速退回（有杆腔进油）的不同速度的进给工作循环。

若有杆腔进油、无杆腔回油连接与差动连接两种方式的活塞运动速度相等，即 $v_2 = v_3$，则经推导可得 D 与 d 必存在 $D = \sqrt{2}\, d$ 的关系。

2. 双活塞杆液压缸

图 3-5 所示为双活塞杆液压缸的工作原理，活塞两端都有活塞杆伸出，根据安装方式不同可分为缸筒固定式和活塞杆固定式两种。

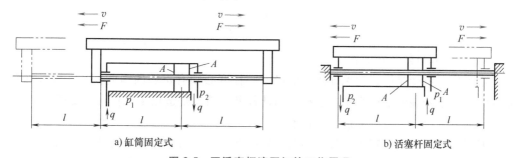

a) 缸筒固定式　　　　　　　　　　　　　b) 活塞杆固定式

图 3-5　双活塞杆液压缸的工作原理

图 3-5a 所示为缸筒固定式的双活塞杆液压缸。它的进、出油口布置在缸筒两端,活塞通过活塞杆带动工作台移动。当活塞的有效行程为 l 时,整个工作台的移动范围为 $3l$,所以机床占地面积大,一般适用于小型机床。当工作台行程要求较长时,可采用图 3-5b 所示的活塞杆固定形式。这时,缸体与工作台相连,活塞杆通过支架固定在机床上,动力由缸体传出。这种安装形式中,工作台的移动范围只等于液压缸有效行程 l 的 2 倍,因此占地面积小。进、出油口可以设置在固定不动的空心活塞杆的两端,也可以设置在缸筒两端(使用软管连接)。

由于双活塞杆液压缸两端的活塞杆直径通常是相等的,因此它左、右两腔的有效工作面积也相等,当分别向左、右腔输入相同压力和流量的油液时,液压缸左、右两个方向的推力和速度相等。当活塞的直径为 D,活塞杆的直径为 d,液压缸进、出油腔的压力为 p_1 和 p_2,输入流量为 q 时,双活塞杆液压缸的推力 F 和速度 v 为

$$F = A(p_1 - p_2) = \frac{\pi}{4}(D^2 - d^2)(p_1 - p_2) \tag{3-8}$$

$$v = \frac{q}{A} = \frac{4q}{\pi(D^2 - d^2)} \tag{3-9}$$

式中 A——活塞有效工作面积。

(三)柱塞式液压缸

柱塞式液压缸是单作用液压缸。图 3-6a 所示为一种柱塞式液压缸,柱塞与工作部件连接,缸筒固定在机体上(也可以使柱塞固定,缸筒带动工作部件运动)。油液进入缸筒,推动柱塞向右运动,但反方向时必须依靠外力(如弹簧力、部件的重力等)来驱动。图 3-6b 所示为一种双柱塞式液压缸,它能用压力油实现两个方向的运动。当柱塞直径为 d、输入液压油的流量为 q、压力为 p 时,其产生的推力 F 和速度 v 为

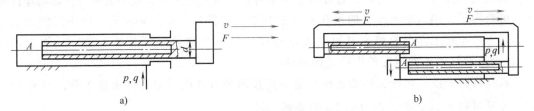

a)   b)

图 3-6 柱塞式液压缸

$$F = pA = \frac{\pi}{4}pd^2 \tag{3-10}$$

$$v = \frac{q}{A} = \frac{4q}{\pi d^2} \tag{3-11}$$

式中 A——柱塞有效工作面积。

柱塞工作时恒受挤压,为保证压杆的稳定,柱塞必须有足够的刚度,故一般柱塞较粗、重量较大,水平安装时易产生单边磨损,因此柱塞式液压缸适用于垂直安装使用。水平安装使用时,为减轻重量,有时制成空心柱塞。

柱塞式液压缸最大的特点是柱塞不与缸筒接触,运动时靠缸盖上的导向套来导向,因而对缸筒内壁的精度要求很低,甚至可以不加工,因此工艺性好、成本低,特别适用于行程较

长的场合,如龙门刨床、导轨磨床等。

(四)组合式液压缸

1. 增压缸

图 3-7 所示为由活塞缸和柱塞缸组合而成的增压缸,用以使液压系统中的局部区域获得高压。图中活塞的有效工作面积大于柱塞的有效工作面积,所以向活塞缸无杆腔送入低压油时,可以在柱塞缸得到高压油,它们之间的关系为

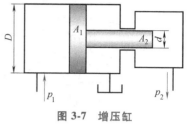

图 3-7　增压缸

$$p_1 A_1 = p_2 A_2 \tag{3-12}$$

$$p_2 = \frac{D^2}{d^2} p_1 = K p_1 \tag{3-13}$$

式中　K——增压比。

2. 伸缩缸

伸缩缸由两个或多个活塞缸套装而成,前一级活塞缸的活塞是后一级活塞缸的缸筒,伸出时可获得较大的行程,缩回时可保持较小的轴向尺寸,常用于翻斗、起重机和混凝土泵车等工程机械上。图 3-8 所示为一种双作用两级伸缩缸,伸出时各级活塞按有效工作面积大小依次先后动作,并在输入流量不变时,输出推力逐级减小,速度逐级加大。各级缸的运动速度和输出推力可按活塞式液压缸的有关公式计算。

3. 齿轮液压缸

齿轮液压缸由两个柱塞缸和一套齿轮齿条传动装置组成,如图 3-9 所示,柱塞的移动经齿轮齿条传动装置变成齿轮的转动,用于实现工作部件的往复摆动或间歇进给运动。

齿轮液压缸的最大特点是将直线运动转换为回转运动,其结构简单,制造容易,常用于机械手和磨床的进刀机构、组合机床的回转工作台、回转夹具及自动线的转位机构。

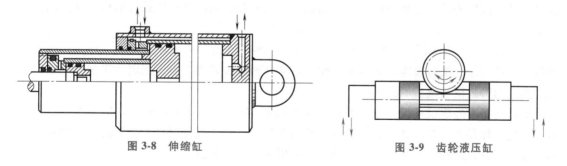

图 3-8　伸缩缸　　　　　　　　图 3-9　齿轮液压缸

二、液压缸结构分析

(一)液压缸的典型结构

单活塞杆液压缸典型结构如图 3-10 所示,由缸底 1、缸筒 10、活塞 5、活塞杆 16、导向套 12 和缸盖 13 等组成。缸底与缸筒焊接成一体,缸盖与缸筒采用螺纹连接。为防止油液由高压腔向低压腔泄漏或向外泄漏,在活塞与活塞杆、活塞与缸筒、导向套与缸筒、导向套与活塞杆之间均设置有密封圈。为防止活塞快速退回到行程终端时撞击缸底,活塞杆后端设置了缓冲柱塞。为了防止脏物进入液压缸内部,在缸盖外侧还装有防尘圈。此外,一般液压缸

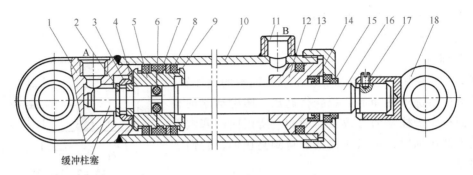

图 3-10　单活塞杆液压缸典型结构

1—缸底　2—弹簧挡圈　3—卡环帽　4—轴用卡环　5—活塞　6—O形密封圈　7—支撑环　8—挡圈

9、14—Y形密封圈　10—缸筒　11—管接头　12—导向套　13—缸盖　15—防尘圈

16—活塞杆　17—紧定螺钉　18—耳环

还设有缓冲装置和排气装置。

为防止泄漏，需设置密封装置：活塞和缸筒之间有密封圈；活塞杆和活塞内孔之间有密封圈；导向套保证活塞杆与缸筒同心，它的外径和内孔配合面也都有密封圈。

分析图示结构可知：无缝钢管制成的缸筒和缸底焊接在一起，另一端缸盖与缸筒则采用螺纹连接，以便拆装检修。两端进、出油口 A 和 B 都可通压力油或回油，以实现双向运动。

（二）液压缸的组成

液压缸基本上由缸筒与端盖、活塞与活塞杆、密封装置、缓冲装置、排气装置五部分组成。

1. 缸筒与端盖的连接形式

常见的缸筒与缸盖的连接形式如图 3-11 所示。

图 3-11a 所示为法兰式连接。法兰式连接结构简单，加工和装拆都很方便，连接可靠。缸筒端部一般用铸造、镦粗或焊接方式制成粗大的外径，采用螺栓或螺钉结构，其径向尺寸和重量都较大。大中型液压缸大部分采用此种结构。

图 3-11b 所示为半环式连接。半环式连接分外半环连接和内半环连接。半环式连接工艺性好、连接可靠、结构紧凑、装拆较方便，但半环槽对缸筒强度有所削弱，需加厚筒壁，常用于无缝钢管缸筒与端盖的连接。

螺纹连接有外螺纹连接（图 3-11c）和内螺纹连接（图 3-11d）两种。螺纹连接的特点是重量轻、外径小、结构紧凑，但缸筒端部结构复杂，加工外径时要求保证内外径同轴，装卸需专用工具，旋端盖时易损坏密封圈，一般用于小型液压缸。

图 3-11e 所示为拉杆式连接。拉杆式连接结构通用性好，缸筒加工简单，装拆方便，但端盖的体积较大，重量也较大，拉杆受力后会拉伸变形，影响端部密封效果，只适用于长度不大的中低压缸。

图 3-11f 所示为焊接式连接。焊接式连接外形尺寸较小，结构简单，但焊接时易引起缸筒变形，主要用于柱塞式液压缸。

2. 活塞与活塞杆的连接

活塞与活塞杆的连接大多采用图 3-12 所示的方式。图 3-12a 所示为螺纹连接结构，这种连接形式结构简单、实用，应用较为普遍。当液压缸工作压力较大，工作机械振动较大时，

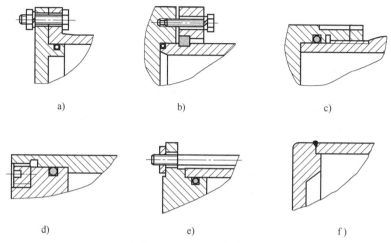

a)　　　　　　　　b)　　　　　　　　c)

d)　　　　　　　　e)　　　　　　　　f)

图3-11　缸筒与端盖的连接形式

常采用图3-12b所示的卡键连接结构，这种连接方式可以使活塞在活塞杆上浮动，使活塞与缸体不易卡住，比螺纹连接要好，但结构稍复杂。

在小直径的液压缸中，也有将活塞和活塞杆做成一个整体结构形式的。

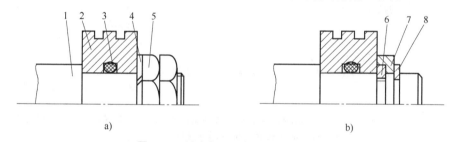

a)　　　　　　　　　　　　　　b)

图3-12　活塞与活塞杆的连接结构图

1—活塞杆　2—活塞　3—密封圈　4—弹簧垫圈　5—螺母　6—卡键　7—套环　8—弹簧卡圈

3. 缓冲装置

若液压缸带动质量较大的部件做快速往复运动，当活塞运动到液压缸终端时，会与端盖碰撞，产生冲击和噪声。这种机械冲击不仅会引起液压缸有关部分的损坏，而且会引起其他相关机械的损伤。为了防止这种危害，保证安全，应采取缓冲措施，对液压缸运动速度进行控制。

图3-13所示为节流缓冲的两种形式：缝隙节流缓冲和小孔节流缓冲。当活塞移至端部，缓冲柱塞开始插入缸端的缓冲孔时，活塞与缸端之间形成封闭空间，该腔中受困挤的剩余油液只能从节流小孔或缓冲柱塞与孔槽之间的节流环缝中挤出，从而造成背压，迫使运动柱塞降速制动，实现缓冲。

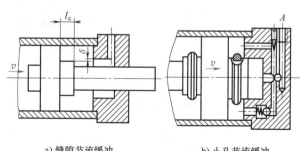

a)缝隙节流缓冲　　　　b)小孔节流缓冲

图3-13　节流缓冲装置

4. 排气装置

液压缸中不可避免地会混入空气，由此会引起活塞运动时的爬行和振动，产生噪声，甚至使整个液压系统不能正常工作。排气装置安装在液压缸的最上部。常用排气装置的结构如图 3-14 所示。

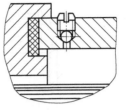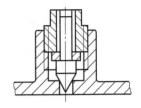

图 3-14　常用排气装置的结构

（三）液压缸的常见故障及其排除方法

液压缸的常见故障及其排除方法见表 3-1。

表 3-1　液压缸的常见故障及其排除方法

故障现象	产生原因	排除方法
爬行	1）液压缸两端爬行并伴有噪声，压力表显示值正常或稍偏低 原因：缸内及管道存在气体 2）液压缸爬行逐渐加重，压力表显示值偏低，油箱无气泡或少许气泡 原因：液压缸某处形成负压吸气 3）液压缸两端爬行现象逐渐加重，压力表显示值偏高 原因：活塞与活塞杆不同轴 4）液压缸爬行部位规律性很强，运动部件伴有抖动，导向装置表面发白，压力表显示值偏高 原因：导轨或滑块夹得太紧或导轨与缸的平行度误差过大 5）液压缸爬行部位规律性很强，压力表显示值时高时低 原因：液压缸内壁或活塞表面拉伤，局部磨损严重或腐蚀	1）设置排气装置 2）找出形成负压处加以密封并排气 3）将活塞组件装在 V 形块上校正，同轴度误差应小于 0.04mm，如需要则更换新活塞 4）调整导轨或滑块压紧条的松紧度，既要保证运动部件的精度，又要保证滑行阻力小。若调整无效，应检查缸与导轨的平行度，并修刮接触面加以校正 5）镗缸的内孔，重配活塞
推力不足，速度下降，工作不稳定	1）液压缸内泄漏严重 2）液压缸工作段磨损不均匀，造成局部形状误差过大，致使局部区域高、低压腔密封性变差而内泄 3）活塞杆密封圈压得太紧或活塞杆弯曲 4）油液污染严重，污物进入滑动部位 5）油温过高，油液黏度减小，致使泄漏增加	1）更换密封圈。如果活塞与缸内孔的间隙由于磨损而变大，可加装密封圈或更换活塞 2）镗磨修复缸内孔，新配活塞 3）调整活塞杆密封圈压紧度，以不漏油为准，校直活塞杆 4）更换油液 5）检查油温升高的原因，采取散热和冷却措施
泄漏	1）密封圈密封不严 2）由于排气不良，使气体绝热压缩造成局部高温而损坏密封圈 3）活塞与缸筒安装不同轴或承受偏心载荷，使活塞倾斜或偏磨造成内泄 4）缸内孔因加工或磨损造成形状精度低	1）检查密封圈及接触面有无伤痕，加以更换或修复 2）增设排气装置，及时排气 3）检查缸筒与活塞的同轴度并修正对中 4）镗缸孔，重配活塞

（续）

故障现象	产生原因	排除方法
噪声	1）滑动面的油膜破坏或压力过高造成润滑不良，导致滑动金属表面的摩擦声响 2）滑动面的油膜破坏或密封圈的刮削过大，导致密封圈出现异常声响 3）活塞运行到液压缸端头时，特别是立式液压缸，发生抖动和很大的噪声，是活塞下部空气绝热压缩所致	1）停车检查，防止滑动面的烧结，加强润滑 2）加强润滑，若密封圈刮削过大，用砂纸或砂布轻轻打磨唇边，或调整密封圈压紧度，以消除异常声响 3）使活塞慢慢运动，往复数次，每次均到顶端，以排除缸内气体，即可消除严重噪声并可防止密封圈烧伤

三、液压缸的设计

（一）液压缸的主要参数

1. 液压缸的压力

1）工作压力 p。油液作用在活塞单位有效工作面积上的法向力，单位为 Pa，其值为

$$p = \frac{F}{A} \tag{3-14}$$

式中　F——活塞杆承受的总负载（N）；

　　　A——活塞的有效工作面积（m²）。

式（3-14）表明，液压缸的工作压力是由于负载的存在而产生的，负载越大，液压缸的压力也越大。

2）额定压力 p_N。也称为公称压力，是液压缸能长期工作的最高压力。

3）最高允许压力 p_{max}。也称试验压力，是液压缸在瞬间能承受的极限压力，通常为

$$p_{max} \leqslant 1.5 p_N \tag{3-15}$$

2. 液压缸的输出力

液压缸的理论输出力 F 等于油液的压力与工作腔有效工作面积的乘积，即

$$F = pA \tag{3-16}$$

图 3-15 所示为单活塞杆液压缸，因此两腔的有效工作面积不同，所以在相同压力条件下液压缸往复运动的输出力也不同。由于液压缸内部存在密封圈阻力、回油阻力等，故液压缸的实际输出力小于理论作用力。

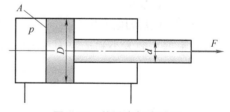

图 3-15　单活塞杆液压缸

3. 液压缸的输出速度

1）液压缸的输出速度为

$$v = \frac{q}{A} \tag{3-17}$$

式中　v——液压缸的输出速度（m/s）；

　　　q——输入液压缸工作腔的流量（m³/s）；

　　　A——液压缸工作腔的有效工作面积（m²）。

2）速比 λ_v。同样，图 3-15 所示的单活塞杆液压缸由于两腔有效工作面积不同，液压缸在活塞前进时的输出速度 v_1 与活塞缩回时的输出速度 v_2 也不相同，通常将液压缸往复运动输出速度之比称为速比 λ_v，为

$$\lambda_v = \frac{v_2}{v_1} = \frac{A_1}{A_2} \tag{3-18}$$

式中　v_1——活塞前进速度（m/s）；

　　　v_2——活塞缩回速度（m/s）；

　　　A_1——活塞无杆腔有效工作面积（m^2）；

　　　A_2——活塞有杆腔有效工作面积（m^2）。

速比不宜过小，以免造成活塞杆过细，稳定性不好。液压缸速比推荐值见表 3-2。

表 3-2　液压缸速比推荐值

工作压力 $p/(MPa)$	≤10	12.5~20	>20
速比 λ_v	1.33	1.46~2	2

4. 液压缸的功率

1）输出功率 P_o。液压缸输出的是机械能，其功率的单位为 W，其值为

$$P_o = Fv \tag{3-19}$$

式中　F——作用在活塞杆上的外部负载（N）；

　　　v——活塞的平均运动速度（m/s）。

2）输入功率 P_i。液压缸输入的是液压能，其功率的单位为 W，等于工作压力与输入流量的乘积，即

$$P_i = pq \tag{3-20}$$

式中　p——液压缸的工作压力（Pa）；

　　　q——液压缸的输入流量（m^3/s）。

由于液压缸内存在能量损失（摩擦和泄漏），因此，输出功率小于输入功率。

（二）液压缸主要尺寸的计算

1. 液压缸内径

工程上计算液压缸内径 D 通常采用两种方法。

1）根据负载大小和选定的系统压力，通过公式计算确定，即

$$D = \sqrt{\frac{4F}{\pi p} \times 10^{-3}} \approx 3.57 \times 10^{-2} \sqrt{\frac{F}{p}} \tag{3-21}$$

式中　D——液压缸内径（m）；

　　　F——液压缸输出力（kN）；

　　　p——液压缸工作压力（MPa）。

2）根据液压缸的输出速度和所选定的系统流量，由公式计算确定，即

$$D = \sqrt{\frac{4q}{\pi v}} \approx 1.128 \sqrt{\frac{q}{v}} \tag{3-22}$$

式中　D——液压缸内径（m）；

q——输入液压缸的流量（m^3/s）；

v——液压缸的输出速度（m/s）。

设计时，在计算求得 D 后还应按 GB/T 2348—2018《流体传动系统及元件　缸径及活塞杆直径》将计算结果圆整为最接近的标准数值。

2. 活塞杆直径

活塞杆直径 d 也有按速比和按强度要求计算两种方法。按速比 λ_v 计算可得

$$d = D\sqrt{\frac{\lambda_v - 1}{\lambda_v}} \qquad (3\text{-}23)$$

式中　d——活塞杆直径（m）；

　　　　D——液压缸内径（m）；

　　　　λ_v——速比。

计算求得的 d 值也应按国家标准圆整为标准值。λ_v 值可以根据工作压力的范围选取合适值，见表 3-2，以避免速比不合理导致活塞杆强度无法保证。

表 3-3 列出了不同速比时 d 和 D 的关系。

表 3-3　不同速比（λ_v）时 d 与 D 的关系

速比 λ_v	1.15	1.25	1.33	1.46	2
活塞杆直径 d	0.36D	0.45D	0.5D	0.56D	0.71D

活塞杆直径也可根据机械类型参考表 3-4 选定。

表 3-4　由机械类型选择活塞杆直径参考表

机械类型	磨床、珩磨床、研磨床	插床、拉床、刨床	钻床、镗床、车床、铣床
活塞杆直径 d	(0.2~0.3)D	0.5D	0.7D

3. 液压缸长度

液压缸长度主要由最大行程决定，行程有国家标准系列，此外还要考虑活塞宽度、活塞杆导向长度等因素。通常活塞宽度 $B = (0.6 \sim 1.0)D$；导向长度 C 在 $D < 80mm$ 时为 $C = (0.6 \sim 1.0)D$，在 $D \geqslant 80mm$ 时为 $C = (0.6 \sim 1.0)d$。从制造角度考虑，一般液压缸长度不应超过直径 D 的 20~30 倍。

4. 液压缸的壁厚

液压缸壁厚 δ 可根据结构设计确定。但在工作压力较高或缸径较大时必须进行强度验算。一般在 $\frac{D}{\delta} \geqslant 16$ 时要按薄壁简化公式校核，而在 $\frac{D}{\delta} < 16$ 时用厚壁简化公式校核。薄壁简化公式为

$$\delta \geqslant \frac{p_y D}{2[\sigma]} \qquad (3\text{-}24)$$

厚壁简化公式为

$$\delta = \frac{D}{2}\left(\sqrt{\frac{[\sigma] + 0.4p_y}{[\sigma] - 1.3p_y}} - 1\right) \qquad (3\text{-}25)$$

式中　　δ——液压缸壁厚；

　　　　D——液压缸内径；

　　　　p_y——实验压力（液压缸额定工作压力 $p_R \leqslant 16\text{MPa}$ 时 $p_y = 1.5p_R$，$p_R > 16\text{MPa}$ 时 $p_y =$
　　　　　　$1.2p_R$）；

　　　　$[\sigma]$——液压缸材料许用应力（MPa）。

　　除此之外，往往还需要进行活塞杆强度与稳定性、螺纹连接强度等方面的校核。

【知识拓展】

大国重器："蛟龙"号载人潜水器

　　"蛟龙"号载人潜水器（图 3-16）是我国第一艘深海载人潜水器。它由我国自行设计、自主集成研制，是目前世界上下潜深度最大的作业型载人潜水器。

　　"蛟龙"号载人深潜器长 8.2m、宽 3.0m、高 3.4m，空重不超过 22t，最大荷载是 240kg，最大速度为 2.5n mile/h，巡航速度为 1n mile/h。

　　2009—2012 年，"蛟龙"号接连取得 1000m 级、3000m 级、5000m 级和 7000m 级海试成功。2012 年 6 月 27 日，"蛟龙"号载人深潜器在马里亚纳海沟海试中，最大下潜深度达 7062.68m，再创中国载人深潜纪录，也是世界同类作业型潜水器最大下潜深度纪录。"蛟龙"号标志着我国系统地掌握了大深度载人潜水器设计、

图 3-16　"蛟龙"号载人潜水器

建造和试验技术，实现了从跟踪模仿向自主集成、自主创新的转变，跻身世界载人深潜先进国家行列。

　　"蛟龙"号副总设计师崔维成讲述了在高压低温条件下，在技术上必须解决的三大难题：① 密封性问题；② 高压下变形问题；③潜水器上液压系统中液压油的性能问题。

【项目实施】

1. 微课学习

液压缸

双作用
液压缸动作展示

2. 小组讨论

　　若挖掘机动臂液压缸按图 3-4c 所示连接液压油管，回答以下问题：

1）通常表述中的无杆腔与有杆腔分别指图示中液压缸的哪些部位？有没有液压缸仅存在有杆腔？请举例说明。

2）简述单活塞杆液压缸的运行速度与什么因素有关。写出表达式。

3）无杆腔进油、有杆腔进油与差动连接三种方式，哪种方式活塞杆伸出速度最快，哪种方式活塞杆伸出速度最慢？为什么？

4）若有杆腔进油与差动连接两种方式的活塞杆伸出速度相同，则活塞直径 D 与活塞杆直径 d 有什么关系？

3. 项目评价

序号	检查内容	自我评分	小组评分	教师评分	备注
1	课前预习(15分)				
2	态度端正,学习认真(10分)				
3	能解释单作用液压缸、双作用液压缸的工作原理(10分)				
4	回答问题正确(30分)				
5	能正确解释问题且逻辑清晰(20分)				
6	项目任务的完成度(15分)				
合计	100分				
总分					

注：总分＝自我评分×40%＋小组评分×25%＋教师评分×35%。

【思考与练习】

一、填空题

1. 液压缸是液压系统中的（　　　　　），能将液体（　　　）压力能转变为（　　　　）。

2. 单作用液压缸是单向液压驱动，回程需借助（　　　）、（　　　　）或（　　　　）来实现。

3. 液压缸基本上由缸筒与端盖、活塞与活塞杆、（　　　　）、（　　　　）、（　　　　）五部分组成。

二、简答题

1. 液压缸的主要性能参数有哪些？如何计算？

2. 液压缸为什么要设置缓冲装置？应如何设置？

3. 试述柱塞式液压缸的特点。

4. 液压缸为什么要设置排气装置？

三、计算分析题

1. 已知单杆液压缸缸筒内径 $D=50\text{mm}$，活塞杆直径 $d=35\text{mm}$，液压泵供油流量 $q=10\text{L/min}$，试求：

（1）液压缸差动连接时的运动速度。

（2）若缸在差动阶段所能克服的外负载 $F=1000\text{N}$，则缸内油液压力多大（不计管内压力损失）？

2. 如图 3-17 所示，液压泵驱动两个液压缸串联工作。已知两缸结构尺寸相同，缸筒内径 $D=90\text{mm}$，活塞杆直径 $d=60\text{mm}$，负载力 $F_1=F_2=10000\text{N}$，液压泵输出流量 $q=25\text{L/min}$，不计损失，求泵的输出压力及两液压缸的运动速度。

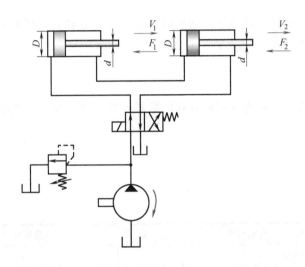

图 3-17　计算分析题 2

项目 3.2　挖掘机回转装置液压马达认知

【项目描述】

如图 3-1 所示，履带式挖掘机具有强大的动力与稳定的运行能力，能够高效、快速地进行各种施工作业。挖掘机是通过动力源的机械能带动液压动力元件液压泵将机械能转换成液压能，再通过液压系统把液压能分配到各执行元件（液压缸、液压马达等），最后由各执行元件把液压能转化为机械能，实现工作装置的运动、回转平台的回转运动的。为了提高作业效率和使操作灵活，挖掘机具备回转运动功能，通过回转机构实现机体旋转。挖掘机回转动作主要由车体部分中的回转机构完成，其中涉及液压执行元件——液压马达的应用。

【项目要求】

➢ 掌握液压马达的基本参数。

➢ 了解液压马达的结构组成及工作原理。

➢ 了解液压马达的分类及选用。

【相关知识】

一、液压马达的基本参数

液压马达是一个将油液的压力能转化为机械能的能量转换装置。液压马达输入的是压力p和流量q，输出的是转矩T和转速n。

1. 液压马达的压力

（1）工作压力p（工作压差Δp）　液压马达在实际工作时的输入压力。液压马达的入口压力与出口压力的差值为工作压差，一般在液压马达出口直接接回油箱的情况下，近似认为工作压力p就是工作压差Δp。

（2）额定压力p_N　是指液压马达在正常工作状态下，按实验标准连续使用中允许达到的最高压力。

2. 液压马达的排量V

液压马达的排量V是指在没有泄漏的情况下，液压马达每转一转所需输入的油液的体积。它是通过液压马达工作容积的几何尺寸变化计算得出的。

3. 液压马达的流量q

液压马达的流量分为理论流量q_t与实际流量q。

理论流量是指液压马达在没有泄漏的情况下，单位时间内其密封容积变化所需输入的油液的体积。可见，它等于液压马达的排量与转速的乘积。

实际流量是指液压马达在单位时间内实际输入油液的体积。

由于存在着油液的泄漏，所以液压马达的实际流量大于理论流量。

4. 输出转矩T

液压马达的理论输出转矩为

$$T_t = \frac{\Delta p V}{2\pi} \tag{3-26}$$

实际输出转矩可按下式计算

$$T_O = T_t \eta_m = \frac{\Delta p V}{2\pi} \eta_m \tag{3-27}$$

式中　Δp——液压马达的工作压差；

$\quad\quad V$——液压马达的排量（m^3/r）；

$\quad\quad \eta_m$——液压马达的机械效率。

5. 转速n

液压马达在过高转速时，不仅要求有较高的背压，而且会对系统造成压力脉动；在过低转速时，转矩和转速不仅有显著的不均匀，而且会产生"爬行"现象，故常对液压马达规定最高转速和最低稳定转速。不同形式和排量的液压马达，最高和最低稳定转速也不同。

轴向式液压马达一般是高速马达（稳定转速在500r/min以上）；径向式液压马达一般是低速大转矩马达，它有单作用和多作用之分，单作用马达最低稳定转速为210r/min，内曲线多作用马达最低稳定转速为0.2~0.5r/min。

液压马达实际工作转速的计算公式为

$$n = \frac{q\eta_{\mathrm{v}}}{V} \qquad\qquad (3\text{-}28)$$

式中　q——液压马达入口处的实际流量；

　　　η_{v}——液压马达的容积效率。

6. 功率 P 和效率 η

液压马达输出功率 P_{M} 的计算公式为

$$P_{\mathrm{M}} = \Delta p q \eta \qquad\qquad (3\text{-}29)$$

式中　η——液压马达的总效率，$\eta = \eta_{\mathrm{m}}\eta_{\mathrm{v}}$；

　　　η_{m}、η_{v}、Δp、q、V 的符号意义同前。

二、认知液压马达

（一）液压马达的种类和特点

液压马达是把液体的压力能转换为机械能的装置。从原理上讲，液压泵可以作为液压马达使用，液压马达也可作为液压泵使用。但事实上，液压泵与液压马达虽然在结构上相似，但两者的工作情况不同，使得两者在结构上也有某些差异，因此很多类型的液压马达与液压泵不能互逆使用。

类似于液压泵，液压马达按其结构分为齿轮液压马达、叶片式液压马达和柱塞式液压马达。若按其输入油液的流量能否变化，可以分为变量液压马达和定量液压马达。液压泵/马达的职能符号如图 3-18 所示。

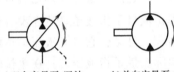

a）双向变量泵/马达　　b）单向定量泵/马达

图 3-18　液压泵/马达的图形符号

1. 齿轮液压马达

图 3-19a 所示为齿轮液压马达的工作原理，图中 c 点为两齿轮的啮合点，设齿轮的齿高为 h，啮合点到两个齿根的距离分别为 s_1 和 s_2。由于 s_1 与 s_2 均小于 h，故当压力油作用在齿面上（图中箭头所示）时，两个齿轮上就各有一个使它们产生转矩的作用力 $p(h-s_1)b$ 和 $p(h-s_2)b$，其中 p 为输入油液的压力，b 为齿宽。在上述作用力的作用下，两齿轮按图示方向回转，并把油液带到低压腔排出。图 3-19b 所示为齿轮液压马达实物。

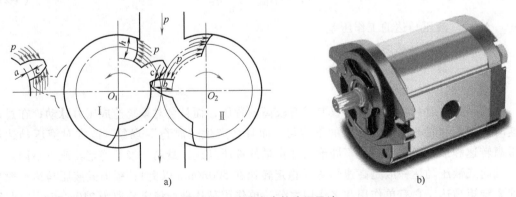

a）　　　　　　　　　　b）

图 3-19　外啮合齿轮液压马达

齿轮液压马达在结构上为了适应正反转要求，进、出油口相等，具有对称性，有单独的外泄油口将轴承部分的泄漏油引出壳体外。为了减小起动摩擦力矩,采用滚动轴承;为了减小转矩脉动,齿轮液压马达的齿数比齿轮液压泵的齿数要多。

由于齿轮液压马达密封性能差,容积效率较低,不能产生较大的转矩,且瞬时转速和转矩随啮合点而变化,因此仅用于高速小转矩的场合,如工程机械、农业机械及对转矩均匀性要求不高的设备。

2. 叶片式液压马达

图 3-20a 所示为叶片式液压马达的工作原理,图 3-20b 所示为叶片式液压马达实物。当压力为 p 的油液从进油口进入叶片 1 和 3 之间时,叶片 2 因两面均受液压油的作用,所以不产生转矩。叶片 1、3 上,一面作用有高压油,另一面为低压油。由于叶片 3 伸出的面积大于叶片 1 伸出的面积,因此作用于叶片 3 上的总液压力大于作用于叶片 1 上的总液压力,压力差使转子产生顺时针方向的转矩。同样道理,压力油进入叶片 5 和 7 之间时,由于叶片 7 伸出的面积大于叶片 5 伸出的面积,也产生顺时针方向的转矩。这样,就把油液的压力能转变成了机械能,这就是叶片式液压马达的工作原理。当输油方向改变时,叶片式液压马达就反转。

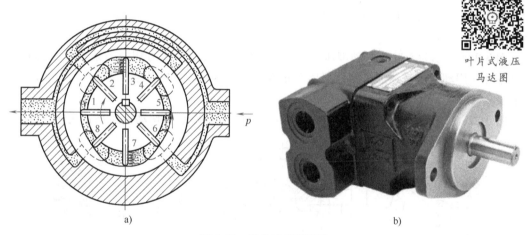

叶片式液压
马达图

a)   b)

图 3-20 叶片式液压马达

定子的长、短径差值越大,转子的直径越大,输入的压力越高时,叶片式液压马达输出的转矩也越大。

叶片式液压马达体积小,转动惯量小,动作灵敏,可适用于换向频率较高的场合,但其泄漏量较大,低速工作时不稳定。因此,叶片式液压马达一般用于转速高、转矩小和动作要求灵敏的场合。

3. 轴向柱塞式液压马达

图 3-21a 所示为轴向柱塞式液压马达的工作原理。当压力油输入液压马达时,处于压力腔(进油腔)的柱塞被顶出,压在斜盘上。设斜盘作用在某一柱塞上的反力为 F,F 可分解为两个方向的分力 F_x 和 F_y,轴向分力 F_x 和作用在柱塞后端的液压力相平衡;垂直于轴向的分力 F_y 使缸体产生转矩。当液压马达的进、出油口互换时,马达将反向转动。当改变斜盘倾角 γ 时,马达的排量便随之改变,从而可以调节转速或转矩。图 3-21b 所示为轴向柱塞式液压马达实物。

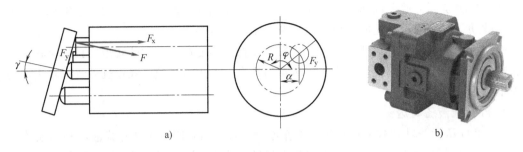

a)   b)

图 3-21   轴向柱塞式液压马达

4. 摆动液压马达

图 3-22a 所示为单叶片摆动液压马达。若从油口Ⅰ通入高压油，叶片做逆时针方向摆动，低压力油从油口Ⅱ排出。因叶片与输出轴连在一起，带动输出轴摆动，同时输出转矩、克服负载。

此类摆动液压马达的工作压力小于 10MPa，摆动角度小于 280°。由于其径向力不平衡，叶片与壳体、叶片与挡块之间密封困难，限制了其工作压力的进一步提高，从而也限制了输出转矩的进一步提高。

图 3-22b 所示为双叶片摆动液压马达。在径向尺寸和工作压力相同的条件下，其输出转矩是单叶片摆动液压马达的 2 倍，但回转角度要相应减小。双叶片摆动液压马达的回转角度一般小于 120°。

图 3-22c 所示为摆动液压马达的图形符号，图 3-22d 所示为摆动液压马达实物。

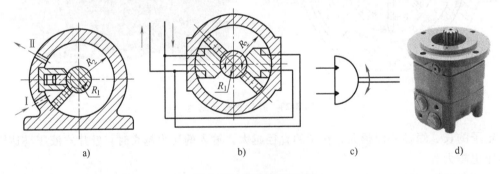

a)   b)   c)   d)

图 3-22   摆动液压马达

（二）液压马达的选用

选择液压马达时，应考虑以下几个因素。

1）先根据负载、转矩和转速要求，确定液压马达所需的转矩和转速。

2）根据负载和转速确定液压马达的工作压力和排量。

3）根据执行元件的转速要求确定采用定量马达还是变量马达。

4）对于液压马达不能直接满足负载、转矩和转速要求的，可以考虑配置减速机构。

液压马达的种类很多，特性不一样，应针对具体用途选择合适的液压马达。低速场合可以用低速马达，也可以用带减速装置的高速马达。二者在结构布置、占用空间、成本、效率等方面各有优点，必须仔细论证。

【知识拓展】

中联重科 R20000-720 塔式起重机

中联重科生产的全球最大塔式起重机 R20000-720 如图 3-23 所示，其额定起重力矩为 20000t·m，最大起重量达 720t，最大起升高度 400m，相当于一次能将 500 辆小轿车起吊至 130 层楼的高度，再次刷新塔式起重机的技术高度。

R20000-720 塔式起重机融合了 158 项创新科研成果、305 项发明专利，其中有 60 余项核心关键技术、12 项世界首创，是当之无愧的大国重器。

图 3-23　中联重科 R20000-720 塔式起重机

R20000-720 在平衡重技术、结构技术、智能控制技术等多方面进行了创新和突破，解决了超大型塔式起重机在强风、高湿、重载等复杂极端工况下作业的多项世界难题。R20000-720 首次在超大型塔式起重机上应用大功率永磁同步驱动技术，电动机效率高达 93%，较行业水平提高 8% 以上，更加高效节能。

R20000-720 应用行业内首创的移动平衡重技术，该技术可以让平衡重随着起重力矩的变化精准移动，实现吊装性能 60% 以上的大幅度提升。同时，R20000-720 创新高承载轻量化结构和重载分体式结构设计，在保证高承载能力的前提下，实现结构重量较常规方案减轻 20% 以上，解决了运、装、拆难题，使用更加便捷。

【项目实施】

1. 微课学习

液压马达

2. 小组讨论

液压泵与液压马达有什么区别和联系？完成下表。

项目	柱塞式液压泵	柱塞式液压马达
元件属性(五大属性)		
压力环境		
输入参数		
输出参数		
容积效率		
总效率		
污染敏感度		
经济性		

3. 简述

简述液压马达的排量与流量、工作压力与额定压力之间的相互关系。

4. 项目评价

序号	检查内容	自我评分	小组评分	教师评分	备注
1	课前预习(10分)				
2	态度端正,学习认真(10分)				
3	能解释液压泵与液压马达的区别(20分)				
4	回答问题正确(25分)				
5	能正确解释问题且逻辑清晰(20分)				
6	项目任务的完成度(15分)				
合计	100分				
总分					

注：总分＝自我评分×40％＋小组评分×25％＋教师评分×35％。

【思考与练习】

一、填空题

1. 液压马达是（　　　）元件，输入的是压力油，输出的是（　　　）和（　　　）。

2. 对于液压马达来说，实际输入流量总是（　　　）理论流量，理论输出转矩总是（　　　）实际输出转矩。

3. 液压马达按其结构分为（　　　）、（　　　）和（　　　）。

二、判断题

1. 液压马达与液压泵从能量转换观点上看是互逆的，因此所有的液压泵均可以用来作为液压马达使用。（　　）

2. 由于存在泄漏，因此输入液压马达的实际流量大于其理论流量，而液压泵的实际输出流量小于其理论流量。（　　）

3. 为了减小转矩脉动，齿轮液压马达的齿数比齿轮液压泵的齿数要多。（　　）

三、计算分析题

1. 液压马达有哪些具体类型？其能量转换形式有何特点？

2. 分析齿轮液压马达、叶片式液压马达、轴向柱塞式液压马达的工作原理。

3. 液压马达排量 $V = 250\text{mL/r}$，入口压力为 9.8MPa，出口压力为 0.49MPa，其总效率 $\eta = 0.9$，容积效率 $\eta_v = 0.92$，当输入流量为 22L/min 时，试求：

（1）液压马达的输出转矩。

（2）液压马达的输出转速。

模块4

液压辅助元件

【模块导读】

液压辅助元件是指除液压泵、液压马达、液压缸和液压控制阀等主要液压元件以外的其他所有液压元件，一般包括密封件、过滤器、蓄能器、热交换器、油箱、油管、接头、油表和温度计等。液压辅助元件的正确使用与维护在很大程度上影响着液压系统的效率、噪声、温升、泄漏、寿命、工作平稳性与可靠性、环保性等技术经济性能，因此液压辅助元件绝非液压系统中无关紧要的角色，必须予以重视。

项目4 硫化机液压保压回路的设计

【项目描述】

硫化机是一种对各种橡胶制品进行硫化的机械设备。硫化工艺要求该设备具有定时锁模、自动保压的功能，且保压时压力精度要求高、保压时间长。橡胶硫化过程中的加压和自动保压通常利用液压系统来实现，图4-1所示为保压常用的用蓄能器自动保压回路，蓄能器8与液压缸10相通，补偿液压系统的漏油；蓄能器出口设置有单向节流阀7，用来防止因蓄能器突然释放压力而造成冲击；为防止液压缸突然退回而造成冲击，在液控单向阀的控制管路上设置单向节流阀5。该回路保压时的压力精度高，连续保压时间长，尤其适合平板硫化机液压系统。

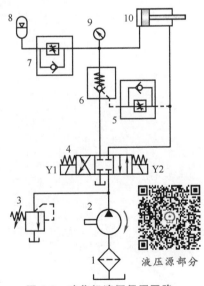

图 4-1 硫化机液压保压回路

1—过滤器 2—液压泵 3—溢流阀 4—电磁换向阀 5、7—单向节流阀 6—液控单向阀 8—蓄能器 9—压力表 10—液压缸

【项目要求】

➢ 掌握蓄能器、密封件、过滤器、热交换器、油箱、油管和接头等常用液压辅助元件的工作原理、

性能特点、适用场合。

➤ 认识蓄能器、过滤器、热交换器和油箱等元件的图形符号。

➤ 能够正确选用各种液压辅助元件。

【相关知识】

一、认识蓄能器

蓄能器在液压系统中是用来储存能量、释放能量的装置。蓄能器的主要作用是作为辅助液压源在短时间内提供一定的压力油，满足系统对速度和压力的要求，可实现液压油路的增速、保压、缓冲、吸收液压冲击、降低液压脉动、降低系统驱动功率等。

液压冲击

（一）蓄能器的种类及特点

按其加载方式，蓄能器一般分为三种类型：气体加载式蓄能器、重锤式蓄能器和弹簧式蓄能器。常用的气体加载式蓄能器是利用气体膨胀和压缩进行工作的，又分为隔膜式、气囊式、活塞式和气瓶式等。图 4-2a 所示为隔膜式蓄能器的图形符号。

1. 气囊式蓄能器

图 4-2b 所示为气囊式蓄能器的基本结构，主要由耐高压的壳体和气囊组成。气囊用耐油橡胶制成，气囊内充有具有化学惰性的气体（多为氮气），利用气体的压缩和膨胀来储存和释放压力能。

气囊式蓄能器气液密封性能十分可靠，油气隔离，油不容易氧化，油中不会混入气体，反应灵敏，尺寸小，重量轻。但气囊和壳体制造难度大，工艺性差，橡胶气囊要求温度范围 $-20 \sim 70℃$。气囊式蓄能器多用在蓄能和吸收冲击的场合。

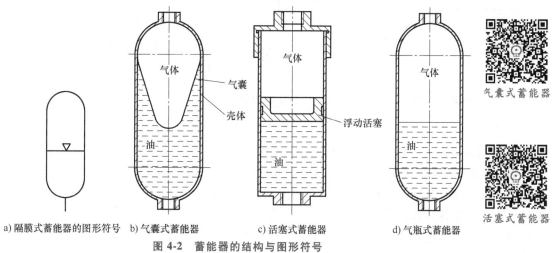

气囊式蓄能器

活塞式蓄能器

a) 隔膜式蓄能器的图形符号　b) 气囊式蓄能器　　c) 活塞式蓄能器　　　d) 气瓶式蓄能器

图 4-2　蓄能器的结构与图形符号

2. 活塞式蓄能器

图 4-2c 所示为活塞式蓄能器的基本结构，主要由耐高压的缸筒和浮动活塞组成。浮动活塞上方为压缩气体，下部为油液。气体和油液在蓄能器中由浮动活塞隔离开，利用气体的压缩和膨胀来储存和释放压力能。浮动活塞可以随下部液压油的储存和释放而在缸筒内向上或向下滑动。

活塞式蓄能器正常情况下可实现油气隔离，工作可靠、结构简单、使用寿命较长、尺寸小、结构紧凑，但由于活塞有一定的惯性并受摩擦力的作用，反应不灵敏，且缸体和活塞的密封性要求较高，密封件在使用过程中会有磨损，使用久了可能导致气液混合而影响液压系统的工作可靠性与稳定性。活塞式蓄能器多用于蓄能和吸收脉动的场合。

3. 气瓶式蓄能器

图 4-2d 所示为气瓶式蓄能器的基本结构。相比前面两种气体加载式蓄能器，气瓶式蓄能器结构更简单，容量大、惯性小、没有摩擦损失、反应灵敏。但气体和液压油直接接触，气体容易混入油内而造成气体流失，影响液压系统的平衡性，需要经常灌注新气体，附属设备多，一次投资大。气瓶式蓄能器适用于需要大流量、中低压回路的蓄能。

（二）蓄能器在系统中的应用

蓄能器作为储存和释放能量的装置，在液压系统中应用广泛，常用在以下几个方面。

1. 作为辅助动力源

对于承受间歇性负荷或者一个工作循环中速度差别很大的液压系统，如图 4-3a 所示，当系统需要较多油量时，蓄能器和液压泵同时向系统供油，当液压缸不工作时，液压泵给蓄能器充油，达到一定压力后液压泵停止工作。使用蓄能器作为辅助动力源可以减小液压泵的功率，从而降低其规格，提高系统效率，减少发热量。另外，当液压装置发生故障或停电时，蓄能器可作为紧急动力源使用，如图 4-3b 所示。由于机械系统调整检修等原因而使主回路停止时，可以使用蓄能器的压力能来驱动二次回路，如图 4-3c 所示。

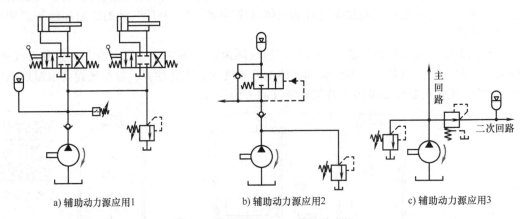

a) 辅助动力源应用1   b) 辅助动力源应用2   c) 辅助动力源应用3

图 4-3 蓄能器作用——辅助动力源

2. 保持系统压力，补充液压系统漏油

如图 4-4 所示夹紧机构，需要液压系统在液压泵卸荷时能在一段时间内保持一定压力，可以利用蓄能器弥补系统的泄漏，以保持液压缸工作腔的压力。当液压泵发生故障时，也可利用蓄能器作为应急压力能的来源，在一定时间内保持液压系统压力，防止系统发生意外。

3. 稳定压力，缓和冲击

在闭锁回路中由于油温升高而使液体膨胀产生的高压可由蓄能器吸收，从而起到稳定液压系统油路压力的作用，如图 4-5 所示。此外，液压系统在液压缸起停、换向时液流发生急剧变化会产生液压冲击（水锤现象），从

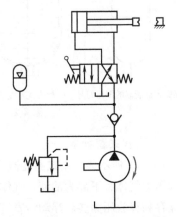

图 4-4 蓄能器的作用——补充漏油

而引起液压系统执行机构的运动不均匀甚至发生故障，使用蓄能器可以吸收回路中的冲击压力。

4. 吸收液压泵的压力脉冲

齿轮泵、柱塞泵和溢流阀在工作过程中会有流量和压力的脉动变化，即流量脉冲和压力脉冲。如图4-6所示，可以利用蓄能器吸收或减少流量脉冲和压力脉冲。

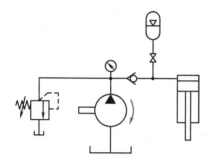 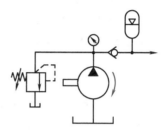

图4-5 蓄能器的作用——稳定油路压力　　　图4-6 蓄能器的作用——吸收液压泵的压力脉冲

（三）蓄能器的安装与使用

1. 蓄能器的安装

蓄能器安装过程中需注意以下事项。

（1）安装前检查　安装前应对蓄能器进行如下检查：产品是否与选择的规格相同；充气阀是否紧固；有无运输造成的影响使用的损伤；进油阀、进油口是否堵好。

（2）安装位置　蓄能器应尽量选择靠近装置的场所安装，如用于缓冲和吸收脉动时，应尽可能安装在靠近振动源处。安装位置应远离热源，以防止因气体受热膨胀造成系统压力升高。为充分发挥蓄能器的功能，蓄能器应垂直安装。为便于蓄能器的维护和检查，蓄能器的上方及周围应留有一定空间。

（3）蓄能器的固定　蓄能器应牢固地支持在托架上或壁面上，径长比过大时，还应设置抱箍加固。不得在蓄能器上进行焊接、铆接或机械加工。

（4）其他安装注意事项

1）蓄能器与管路系统之间应设置操作简便的截止阀，此阀供充气、检查蓄能器、调节放油速度或长时间停机时使用。

2）蓄能器与液压泵之间应设置单向阀，当液压泵电动机停止运转时，防止蓄能器中所储存的压力油倒流。

3）为防止蓄能器对管路系统的危害，对大于等于10L的蓄能器，在进入蓄能器的位置应设置安全阀或溢流阀。

2. 蓄能器的使用

1）蓄能器投入使用前应给蓄能器胶囊充入氮气。充氮应缓慢进行，只有当胶囊膨胀、关闭进油阀后，才允许适当加大充气速度。

2）蓄能器的充气压力一般应为液压系统最低工作压力的25%～90%，特殊情况下充氮压力可参考下列数值：

冲击缓冲：充气压力为系统工作压力的90%；

消除脉动：充气压力为系统工作压力的60%；

能量储存：充气压力应在系统最低压力的 25%～90% 范围内。

3）注意检查蓄能器各接口处的密封。

二、认识液压密封件

液压系统中密封件用来防止工作介质的泄漏及外界灰尘和异物的侵入。外漏会造成液压油的浪费及工作环境的污染，甚至引起机械操作失灵及设备和人身安全事故；内漏会使液压系统容积效率下降，系统压力降低；侵入系统中的灰尘颗粒会加剧液压元件的摩擦和磨损，缩短使用寿命。故液压密封件的性能直接影响液压系统的正常使用。

（一）对液压密封件的要求

（1）泄漏量极小，密封好　在额定工作压力和温度范围内，要求密封件具有良好的密封性。

（2）良好的相容性　液压密封件长期与液压油接触，极易溶胀、溶解或脆化变硬等，从而使密封性能下降或丧失密封作用，因此要求液压密封件对液压油具有良好的相容性。

（3）摩擦阻力小　为避免或减少液压设备产生低压爬行等不良现象，要求液压密封件与运动部件间具有较小的摩擦阻力，摩擦系数应非常稳定。

（4）耐磨性好，使用寿命长　液压密封件应具有良好的弹性、耐热性、耐寒性、耐压性、耐磨性及一定的物理机械强度，并且使用寿命长。

（5）价格低廉　液压密封件应易于制造和安装，其相应的密封槽应易于加工制造，使用成本低。

（二）密封件的材料

液压密封件的材料一般有丁腈橡胶、聚氨酯、氟橡胶、硅橡胶和聚四氟乙烯，用得比较多的是丁腈橡胶和聚氨酯。使用时应根据所使用工作介质的种类和最高使用温度，参照表 4-1 正确选择密封件材料。

表 4-1　常用密封件材料与工作介质的适应性和使用温度

密封件材料	石油基液压油和矿物基润滑脂	抗燃烧性液压油			使用温度范围/℃	
		水-油乳化液	水-乙二醇基	磷酸酯基	静密封	动密封
丁腈橡胶	好	好	好	不好	−40～100	−40～80
聚氨酯	好	不太好	不好	不好	−30～80	−20～60
氟橡胶	好	好	好	好	−30～150	−30～100
硅橡胶	好	好	不好	不太好	−60～260	−50～260
聚四氟乙烯	好	好	好	好	−100～260	−100～260

（三）常见密封件的结构和特点

目前液压系统中广泛使用的密封件主要有自封式压紧型液压密封件和自封式紧密型液压密封件（也称唇形密封件）及两者的组合型（也称组件密封件）三种形式。

1. 自封式压紧型液压密封件

液压系统中常用的自封式压紧型液压密封件主要是 O 形密封圈（圆形密封圈）和方形密封圈。由于其结构简单、成本低，是液压系统中应用非常广泛的动密封元件和静密封元件。自封式压紧型液压密封件安装在密封槽内，通常产生 10%～25% 的径向压缩变形，并对密封表面产生较高的初始接触应力，从而阻止无压力液体的泄漏。工作时，在压力油的作用下，密封件进一步变形并对密封表面产生较大的接触压力，由于密封件压缩变形大，静摩擦阻力较大，在一些低压系统中可能会造成爬行及操作困难等现象，故自封式压紧型液压密封件很少单独用作动密封件。

O形密封圈简称O形圈，截面呈圆形，多用耐油橡胶（如丁腈橡胶、聚氨酯橡胶等）制成，与常用的石油基液压油、水-油乳化液、抗燃烧性液压油等具有良好的相容性，多用于静密封和滑动密封（滑动速度为0.005~0.3m/s），在转动密封中用得少。

O形密封圈的密封原理如图4-7所示。当O形密封圈装入密封槽后，截面将受压变形（图4-7a），无液压油压力时靠O形密封圈的弹性变形对接触面产生的预接触压力 p_0 实现初始密封。当密封腔有压力油时，在液压油压力的作用下，O形密封圈被挤向密封槽一侧，同时变形增大（图4-7b），接触面压力增大至 p，密封效果也随之增大，且 p 越大，密封效果越好。但当系统压力较大时，O形密封圈可能被挤入配合间隙中而损坏（图4-7c），此时应在O形密封圈的低压侧（非受压侧）安放挡圈（图4-7d），若O形密封圈双向受压，两侧应同时安放挡圈（图4-7e）。用于动密封且压力超过10MPa时，需要安放挡圈，这样密封压力可达32MPa；用于静密封且压力超过32MPa时，需要安放挡圈，此时密封压力可达70MPa。制作挡圈的材料有聚四氟乙烯、尼龙等。

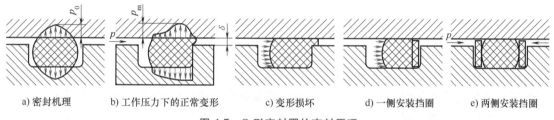

a) 密封机理　　b) 工作压力下的正常变形　　c) 变形损坏　　d) 一侧安装挡圈　　e) 两侧安装挡圈

图 4-7　O 形密封圈的密封原理

相比唇形密封圈，O形密封圈结构简单、成本低，但寿命短，对密封装置机械部分精度要求高。

2. 唇形密封件

液压系统中常用的唇形密封件主要有V形、U形、Y形及Yx形密封圈。

（1）**V形密封圈**　V形密封圈是使用最普遍的唇形密封件，耐高压、持久性好、寿命长、密封性好。当工作压力高于10MPa时，可根据压力的大小调整密封环的数量，并能调整压盖来补偿密封件的磨损，但密封处摩擦阻力大，结构复杂、体积大，一般只适用于低速液压缸。V形密封圈的结构如图4-8所示。

（2）**U形密封圈**　U形密封圈的截面为U形，密封性能较好，但单独使用时容易翻滚，故多与锡青铜支撑环配套使用。U形密封圈摩擦阻力较大并且随工作压力的升高而增加，适宜于工作压力不大、运动速度较低的液压缸使用。

（3）**Y形密封圈**　Y形密封圈的截面为Y形（图4-9），主要依靠张开的唇部紧贴于密封表面来保持密封，唇边的弹性变形可以自动补偿密封圈在

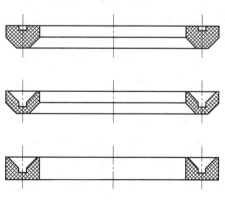

图 4-8　V 形密封圈的结构

使用过程中的磨损。Y 形密封圈可单独使用，结构简单、密封效果好、摩擦阻力小、耐压性能好、工作性能稳定、寿命长，多用于动密封，适宜于高速变压、大缸径、大行程的液压缸使用。

（4）Yx 形密封圈　Yx 形密封圈是指截面高度与宽度之比大于 2，且工作唇与非工作唇不等高的 Y 形密封圈，分为孔用 Yx 形密封圈和轴用 Yx 形密封圈。Yx 形密封圈除了具有 Y 形密封圈的一切优点外，单独使用时密封圈不会翻滚，耐压性和工作稳定性更好，特别适宜于高压、高速变压及快速运动的液压缸。

（5）油封　油封通常指对润滑油的密封，是一种适于旋转轴使用的密封装置，对内封油、对外防尘。按其结构可分为有骨架油封和无骨架油封（图 4-10）。

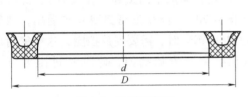

图 4-9　Y 形密封圈

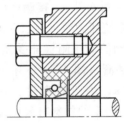

图 4-10　无骨架油封

三、认识过滤器

液压系统故障约有 75% 是因为液压油污染造成的。实践表明，液压油的污染程度直接影响液压系统的正常工作。当液压油中混有因磨损而产生的微颗粒时，可能会堵塞孔口，卡住阀芯，加剧元件的磨损，缩短液压件的寿命，降低液压系统的工作可靠性，甚至引发重大事故。液压系统中的污染物主要有固体颗粒（磨粒、灰尘等）和化学污染物（水、空气、热量等）。为了保障液压系统的正常工作，保持液压油清洁，一方面要采取措施防止或减少液压油污染，另一方面要对已经污染的液压油进行净化。过滤器是液压系统中常用的液压油净化装置。

（一）过滤器的主要性能参数

1. 过滤精度

过滤精度也称绝对过滤精度，是指油液通过过滤器时能够穿过滤芯的污染物的最大直径，即过滤介质的最大孔口尺寸数值（一般用直径 d 表示）。滤芯寿命随着滤芯过滤精度的提高而缩短，精度高的滤芯对于控制较宽的污染物颗粒尺寸和数量是有效的，但对于高效使用液压系统是不明智的，应用中必须根据目标清洁度来选择滤芯。

2. 过滤能力

过滤能力也称通流能力，指在一定压差下允许通过过滤器的最大流量。

3. 纳垢容量

纳垢容量是指过滤器在压力降达到规定的数量值时单位面积的过滤材料所能容纳的颗粒污染物的质量。滤芯孔口通道容易存留颗粒污染物，有淤积滞留，从而使压力降增大，当压力降达到规定的最大极限值时，使用寿命终止（图 4-11）。一般过滤精度越高，纳垢容量越低。

4. 工作压力

不同结构形式的过滤器允许的工作压力不同，选择过滤器时应考虑允许的最高工作压力。

5. 允许压力降

过滤器有阻力，液压油流经过滤器必然出现压力降，其值与油液的流量、黏度、滤芯过滤精度和混入油液中的杂质数量有关。滤芯和流量一定，过滤精度越高，压力降越大；流量一定，滤芯过滤面积越大，则压力降越小；油液的黏度越大，压力降越大。为保持滤芯不破坏和压力损失不致过大，需

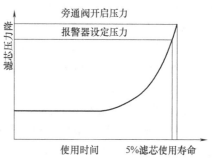

图 4-11　滤芯压力降与使用寿命的关系

要限制过滤器的最大允许压力降。过滤器的最大允许压力降取决于滤芯的强度。

（二）过滤器的种类与结构特点

过滤器按过滤精度可分为粗过滤器（最大孔口直径 $d \geqslant 100 \mu m$）、普通过滤器（$100 \mu m > d \geqslant 10 \mu m$）、精过滤器（$10 \mu m > d \geqslant 5 \mu m$）和特精过滤器（$5 \mu m > d \geqslant 1 \mu m$）四类；按滤芯结构形式不同可分为网式过滤器、线隙式过滤器、纸芯式过滤器、烧结式过滤器和磁性式过滤器等。

1. 网式过滤器

网式过滤器的结构如图 4-12 所示，由上端盖、下端盖、骨架和过滤网组成。

网式过滤器属于粗过滤器，其过滤精度取决于铜网的层数和网孔大小，其特点是结构简单、通油能力大、压力损失小、清洗方便，但过滤精度低，一般用于液压泵的吸油口。

2. 线隙式过滤器

线隙式过滤器的结构如图 4-13 所示，主要由端盖、壳体、骨架和金属绕线组成，工作时油液经绕线间的间隙和骨架上的孔进入滤芯，从而起到过滤的作用。这种过滤器利用金属绕线间的间隙过滤，过滤精度取决于绕线间隙大小。线隙式过滤器结构简单，通流能力大，过滤精度高，但不容易清洗，滤芯强度低，多用于中、低压液压系统中。

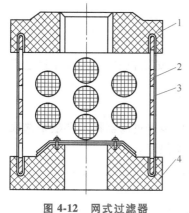

图 4-12　网式过滤器

1—上端盖　2—骨架　3—过滤网（铜网）　4—下端盖

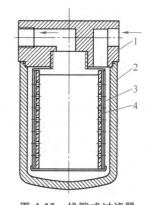

图 4-13　线隙式过滤器

1—端盖　2—壳体　3—金属绕线　4—骨架

3. 纸芯式过滤器

纸芯式过滤器的结构如图 4-14 所示，其结构与线隙式过滤器基本相同，但滤芯由平纹

或波纹的化学纤维或木浆微孔滤纸制成。为增大面积，纸芯常制成折叠型；为增强滤芯强度，其内、外两侧通常用金属网加固。纸芯式过滤器过滤精度高，可达 $5 \sim 20\mu m$，多用于油液的精过滤，但阻塞后无法清洗，须经常更换滤芯。

4. 烧结式过滤器

图 4-15 所示为烧结式过滤器，其滤芯是由颗粒状的金属粉末烧结而成的，利用金属颗粒间的微孔滤除油液中的杂质。选择不同粒度的粉末，可制成不同厚度的滤芯，即可得到不同的过滤精度。烧结式过滤器耐压性好、耐蚀性好、过滤精度高，但难清洗，金属颗粒易脱落，适宜过滤精度高的高温、高压液压系统。

5. 磁性式过滤器

图 4-16 所示为磁性式过滤器，其滤芯是永久磁铁，可以吸附油液中能磁化的杂质，从而起到过滤作用，但对于其他类型的杂质不能起到过滤作用，常与其他滤芯组成组合滤芯，制成复式过滤器。

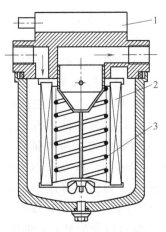

图 4-14　纸芯式过滤器
1—污染指示器　2—滤芯
3—支撑弹簧

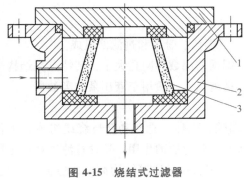

图 4-15　烧结式过滤器
1—端盖　2—壳体　3—滤芯

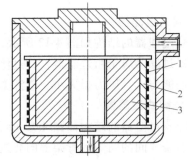

图 4-16　磁性式过滤器
1—铁环　2—罩子　3—永久磁铁

（三）过滤器的选用

选用过滤器应考虑以下几个方面。

1）根据使用目的和用途选择过滤器的种类，根据安装位置要求选择过滤器的安装形式。

2）过滤精度应满足液压系统的清洁度要求。

3）过滤器应有足够的通流能力，压力损失小，一般根据过滤器样本参数来选取。

4）过滤器的滤芯应满足工作介质的要求，有足够的强度。

5）过滤器应结构简单、紧凑、安装形式合理，滤芯更换及清洗方便。

（四）过滤器的安装位置

过滤器在液压系统中的安装位置一般有以下四种情况。

1. 液压泵吸入管路过滤器

过滤器安装在液压泵的吸油口（图 4-17a），目的是过滤较大颗粒，以保护液压系统。为防止气穴现象，一般选用网式过滤器和线隙式过滤器等具有较大通流能力的过滤器，过滤精度较低，压力降一般不超过 0.02MPa。

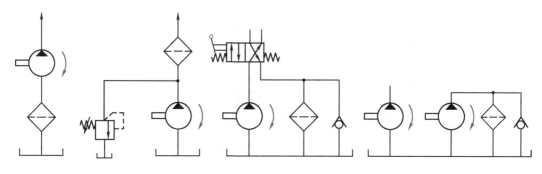

a) 液压泵吸入管路　　b) 液压泵出口管路过滤器　　c) 液压系统回油管路过滤器　　　　　d) 单独过滤系统
过滤器

图 4-17　过滤器的安装位置

2. 液压泵出口管路过滤器

过滤器安装在液压泵的压油口（图 4-17b），目的是保护除泵和安全阀以外的其他液压元件，过滤精度较高。由于需要承受高压和冲击压力，要求其具有足够的强度，压力降一般小于 0.35MPa。使用时一般配置堵塞指示器和并联一个溢流阀，以保护滤芯和防止因过滤器堵塞而引起液压泵过载。

3. 液压系统回油管路过滤器

过滤器安装在液压系统的回油路上（图 4-17c），目的是过滤因零部件磨损而产生的金属屑和橡胶颗粒，防止污染油液。由于回油路压力较低，允许滤芯强度和刚度较低，压力降对系统影响不大。为防止低温起动时大黏度油液通过滤芯或滤芯堵塞而引起的系统压力升高，应并联一个单向阀。

4. 单独过滤系统过滤器

过滤器安装在由低压泵和过滤器组成的单独的过滤系统中（图 4-17d），多用于某些大型液压系统，专门去除液压系统油箱中的污物，通过不间断循环，提高液压油的清洁度。

四、认识热交换器

热交换器是加热器和冷却器的总称。液压系统的最适宜工作温度一般为 30～50℃，最高不超过 65℃，最低不低于 15℃。低温下液压油黏度加大，油液流通困难，导致液压泵出现鸣叫；高温下则可能出现液压油氧化分解、泡沫、漏油等现象。热交换器是维持液压系统正常工作温度的重要装置。

（一）加热器

加热器常用于液压系统在低温环境下起动。液压系统起动前如果环境温度低于 10℃，由于油液黏度过大而不利于液压泵的吸入和起动，此时就要用到加热器。

油液的加热方式一般有三种：热水加热、蒸汽加热和电加热。由于电加热器结构简单、操作方便且易于实现温度的自动控制，应用最为广泛。电加热器一般装在油箱内，如图 4-18 所示。

为防止加热器周围的油液因温度过高而变质，单个加热器的功率不宜过高。加热器一般应水平安装，发热部分必须全部浸入油液，安装位置应使油箱中的油液形成良好的对流。

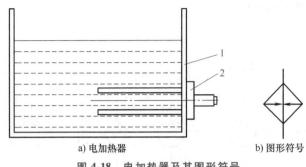

a) 电加热器　　　　　b) 图形符号

图 4-18　电加热器及其图形符号

1—油箱　2—电加热器

（二）冷却器

为保证散热效果，冷却器的基本要求是散热面积足够大、散热效率高、压力损失小，并且结构简单、坚固、体积小、重量轻，必要时需要有自动控温装置以保证液压油温度控制的准确性。

冷却器按冷却介质的不同可以分为三种类型：水冷式、风冷式和冷媒式。表 4-2 为各型冷却器性能特点对比。

表 4-2　不同冷却器的性能特点

性能特点	冷却器类型		
	水冷式冷却器	风冷式冷却器	冷媒式冷却器
冷却性能	很好	一般	中等
设备成本	中	低	高
运行与维护费用	中	低	中
冷却温度界限	水温以上	室温以上	室温上、下
油温调整	难	难	易

水冷式冷却器又分为盘管式（图 4-19）、列管式和波纹板式三种类型。图 4-20 所示为常用的列管式冷却器的结构，油从进油口流入、出油口流出，由于挡板的作用，引导油液沿图示路线流动，从而尽可能加长油的循环路线，有利于油液和水管进行热量交换。水从进水口流入、出水口流出，由水将油液中的热量带走。水冷式冷却器冷却效果好。

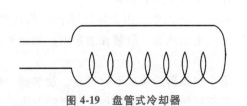

图 4-19　盘管式冷却器

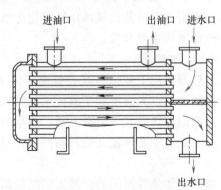

图 4-20　列管式冷却器

冷却器一般安装在低压管路或回油管路上。

五、认识液压油箱

油箱是液压系统不可缺少的元件之一，它除了储油的最基本功能外，还起散热、分离油液泡沫和杂质的作用。

（一）油箱的类型与结构

与液压站的类型对应，根据液压泵与油箱的相对位置可以把液压油箱分为三类：下置式、上置式和旁置式。另外，油箱还可以分为开式油箱和闭式油箱，开式油箱的油液通过空气滤清器与大气相通（图 4-21），开式油箱又可分为整体式和分离式两种。分离式油箱一般与主机分离并且与液压泵等元件一起组成液压站；整体式油箱是利用主机的底座或机身（如机床床身）作为油箱。整体式油箱结构紧凑、漏油易回收，但主机结构复杂，不易维护和散热。分离式油箱是一个相对独立的单元，液压油的温升和液压泵电动机的振动对主机影响较小，故应用广泛。

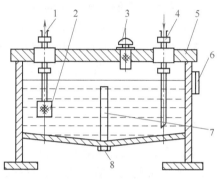

图 4-21　开式油箱结构简图
1—吸油管　2—过滤器　3—空气滤清器
4—回油管　5—上盖　6—油面指示器
7—隔板　8—放油螺塞

闭式油箱中的油液与大气隔绝，经通气孔通入具有一定压力的惰性气体，箱内压力高于大气压。为防止油液中溶入过量气体，油箱内压力不能过高，一般以表压力 0.05~0.07MPa 为最佳。为保证油箱内的液体压力，一般设置安全阀和低压报警器。

油箱一般用钢板焊接而成。

（二）油箱设计的注意事项

油箱结构设计过程中应注意以下几个方面。

1）油箱应有足够的容积以满足散热的要求，保证执行元件全部排油时能容纳液压系统所有的油液，以及系统最大可能充油时油箱油位不低于最低限度。对于低压系统，油箱的有效容积（油箱内油面高度为箱内高度的80%时的容积）一般应大于液压泵每分钟流量的2~4 倍；中压系统为5~7 倍；高压系统为 10~12 倍。当系统负载比较大且长期连续工作时，油箱的容积主要根据油液允许的温升、热平衡的原则来计算和确定，设计时先按经验公式 [式（4-1）] 确定油箱容量，待系统确定后再按散热要求进行校核。

油箱容量的经验公式

$$V = \alpha q_V \tag{4-1}$$

式中　q_V——液压泵每分排出压力油的容积（m^3/min）；

　　　α——经验系数，见表4-3。

表 4-3　经验系数 α

系统类型	行走机械	低压系统	中压系统	锻压机械	冶金机械
α	1~2	2~4	5~7	6~12	10

2）为保持油液的清洁，吸、回油管路应设置过滤器，过滤器应有足够的通流能力，安装位置应便于装拆和清洗。

3）吸油管和回油管应插入最低液面以下，以防止吸油管吸空和回油冲溅产生气泡；管口与箱底和箱壁和距离应不小于管径的 3 倍，回油管口须斜切 45°角，并面向箱壁，这样可增大回油和吸油截面并有效防止回油冲击油箱底部的沉淀物；吸、回油管距离应尽量远，中间设置隔板，以增加油的循环时间和距离，增大散热效果并使油中的气泡和杂质有较长时间分离和沉淀，隔板高度约为油面高度的 2/3。

4）为便于放油，油箱底部应倾斜，并在最低位置设置放油螺塞或阀；油箱底部要距离地面 150mm 以上，以便于散热、放油和搬移。

5）对于较大的油箱，为了清洗方便，应在侧面设置清洗窗孔，油箱盖上应安装空气过滤器，油箱侧壁应安装油位指示器。为了防锈、防凝水，油箱内壁应涂耐油防锈涂料。

6）对于较重的大或中型油箱，应设置吊钩或吊耳。

六、认识管件

液压管件是指用来连接液压元件、输送液压油的连接件，包括油管和管接头。为满足液压系统的正常使用，管件要有足够的强度和密封性，油液流经管件时的压力损失要小。管件应拆装方便，成本低。

（一）油管

1. 油管的种类

液压系统中常用的油管有钢管、铜管、尼龙管、塑料管和橡胶软管等。油管材料的选择需要根据液压系统各部位的压力、工作要求和位置关系等要素来确定。各种管路的特点和应用场合见表 4-4。

表 4-4 各种管路的特点和应用场合

种类		特点和应用场合
硬管	钢管	耐高压，变形小，耐油性、耐蚀性较好，价格较低，装配时不易弯曲，装配后能长久保持原形，常在拆装方便处用作压力管道。中高压系统常用冷拔无缝钢管，低压系统、吸油和回油管路允许用有缝钢管
	铜管	易弯曲成形，安装方便，其内壁光滑，摩擦阻力小，但耐压低（6.5～10MPa），抗冲击和振动能力弱，易使油液氧化且价格较贵，所以尽量不用或少用。通常只限于用作仪表等的小直径油管
软管	塑料管	耐油、价格低、装配方便，但耐压能力低，长期使用会老化。一般只用作回油管路或泄油管路（低于 0.5MPa）
	尼龙管	乳白色、半透明，可观察油液流动情况，加热后可任意弯曲和扩口，冷却后定形。常用于中、低压系统
	橡胶软管	具有挠性、吸振性和消声性，但价格高、寿命短。常用于有相对运动的部件的连接。橡胶软管有高压和低压两种：高压管用加有钢丝的耐油橡胶制成，钢丝有交叉编织和缠绕两种，一般有 1～4 层，钢丝层数越多耐压越高；低压橡胶软管由加有帆布的耐油橡胶制成，用于回油管路

2. 油管参数的确定

（1）管内油液的流速　对吸油管，管内油液的流动速度可取 $v \leqslant 1\sim 2\mathrm{m/s}$（一般取 $1\mathrm{m/s}$

以下）。对压油管道，可取 $v \leqslant 3 \sim 6 \mathrm{m/s}$，压力高时取大值，压力小时取小值；管路较长时取小值，反之取大值；油液黏度大时取小值。

对短管及局部收缩处，可取 $v \leqslant 5 \sim 7 \mathrm{m/s}$；对回油管道，可取 $v \leqslant 1.5 \sim 2.5 \mathrm{m/s}$。

（2）管内径的确定　管内径 d 与油液的流量 q 和流速 v 有关，可根据经验公式 [式（4-2）] 确定，计算结果须圆整至油管标准值。经验公式为

$$d \leqslant 1.13 \sqrt{\frac{q}{v}} \tag{4-2}$$

式中　d——管内径（m）；

　　　q——油液的流量（$\mathrm{m^3/s}$）；

　　　v——管内油液的流速，按规定的推荐值选取（m/s）。

（3）金属管壁厚的确定　确定金属管的内径 d 后，金属管的壁厚 δ 可根据式（4-3）进行计算

$$\delta = \frac{pd}{2[\sigma]} \tag{4-3}$$

式中　δ——管壁厚（m）；

　　　d——管内径（m）；

　　　p——最大工作压力（Pa）。

　$[\sigma]$——油管材料的许用应力（MPa）。

许用应力 $[\sigma] = \dfrac{R_\mathrm{m}}{n}$。$R_\mathrm{m}$ 为抗拉强度，n 为安全系数，当 $p < 7\mathrm{MPa}$ 时，$n = 8$；当 p 为 $7 \sim 17.5\mathrm{MPa}$ 时，$n = 6$；当 $p > 17.5\mathrm{MPa}$ 时，$n = 4$。对于铜管，取 $[\sigma] \leqslant 25\mathrm{MPa}$。

（4）弯管最小曲率半径的确定　钢管弯管的最小曲率半径见表4-5。

表4-5　钢管弯管的最小曲率半径

管外径 D/mm	10	14	18	22	28	34	42	50	63
最小曲率半径/mm	50	70	75	75	90	100	130	150	190
支架最大距离/mm	400	450	500	600	700	800	850	900	1000

3. 油管的安装要求

配置液压系统的管路时应注意以下几个方面。

1）油管应尽量短，且布置整齐，转弯少，避免过小的弯曲半径，油管悬伸较长时应设置管夹，接头和配件应尽量少。

2）管道尽量避免交叉，平行管间距应大于 10mm，以便于安装并防止接触振动。

3）软管直线安装时应留有 30% 左右的余量，以适应油温变化、受拉和振动的需要；软管弯曲时曲率半径应大于 9 倍软管外径，弯曲处至管接头的距离应不小于 6 倍软管外径。

4）为减少压力损失和泄漏，高压管应靠近工作机构。

（二）管接头

管接头是油管与油管、油管与液压元件中间的连接件，它应满足连接可靠、密封性好、通流能力强、抗振动、装配方便、工艺性好、外形尺寸小等要求，特别是管接头的密封性能是影响液压系统外泄漏的重要原因。在液压系统中外径大于 50mm 的金属管一般采用法兰连

接，小直径的油管则用管接头连接。

管接头的类型有很多，按照连接管路的形式分为硬管接头、软管接头、快换管接头和旋转管接头。硬管接头按管接头和管道的连接方式分为扩口式管接头、卡套式管接头和焊接式管接头三种系列。

1. 扩口式管接头

扩口式管接头利用管子端部的扩口进行密封，不需要其他密封件，如图 4-22 所示。使用时先将接管 1 的端部扩口成喇叭形，拧紧螺母 3，通过导套 2 压紧扩口和接头体 4 的锥面，以实现密封。扩口式管接头结构简单，可重复使用，多用于纯铜管、薄壁尼龙管和塑料管等低压管道的连接，适用于以油、气为介质的压力较低（通常小于 8MPa）的管道系统。

2. 卡套式管接头

卡套式管接头的结构如图 4-23 所示，由接头体、卡套和螺母等组成，是利用卡套的弹性变形卡住管子进行密封的。这种管接头不用焊接，也不用其他密封件，结构先进、密封性好、重量轻、体积小、装拆方便，多用在高压系统中，最大压力可达 31.5MPa，但要求管子尺寸精度高，需用冷拔钢管，卡套精度也高，适用于油、气及一般腐蚀性介质的管路系统。

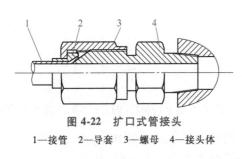

图 4-22　扩口式管接头

1—接管　2—导套　3—螺母　4—接头体

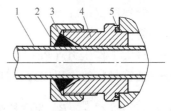

图 4-23　卡套式管接头

1—接管　2—接头螺母　3—卡套

4—接头体　5—密封圈

3. 焊接式管接头

焊接式管接头的结构如图 4-24 所示，油管和管接头的接管直接焊接在一起，接头体和接管之间用 O 形圈端面密封。其结构简单、容易制造、密封性好，对管子的尺寸精度要求不高，但要求焊接质量高，装拆不方便。其工作压力可达 31.5MPa，工作温度为 −25～80℃，适用于以油为介质的管路系统。

4. 软管接头

软管接头分为扣压式和可拆卸式两种，各有 A 型、B 型和 C 型三种形式，分别与焊接式、卡套式和扩口式管接头相连。图 4-25 所示为 C 型扣压式软管接头。

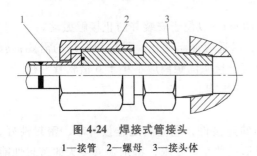

图 4-24　焊接式管接头

1—接管　2—螺母　3—接头体

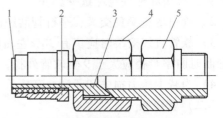

图 4-25　C 型扣压式软管接头

1—胶管　2—外套；3—接头体

4—接头螺母　5—C 型接头

软管接头由接头外套和接头芯组成，装配时接头外套套在胶管上，再插入接头芯，然后利用专用模具进行挤压收缩，使外套内锥面上的环形齿嵌入胶管钢丝层达到的程度，同时也使接头芯与胶管内胶层压紧而达到密封的目的。软管接头结构紧凑、密封可靠、耐冲击，可用于工作压力为 6~40MPa 的系统。但软管接头与胶管装配好后不能拆开，不能重复使用。

5. 快换管接头

快换管接头是一种不需要工具即可快速拆装的管接头，多用于液压实验设备、农业机械等需要经常接通和断开的场合。图 4-26 所示为一种快换管接头的结构。

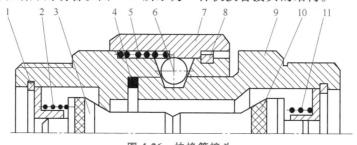

图 4-26　快换管接头

1—卡环　2、5、11—弹簧　3、10—单向阀芯　4—密封圈　6—钢球　7—外套　8—卡环　9—接头体

【知识拓展】

徐工 XDE440 采矿自卸汽车

XDE440 自卸汽车（图 4-27）是徐工集团研制生产的全球载重量最大的矿山自卸车，功率高达 2800kW，整备质量为 260t，最大载重量 400t，整体尺寸为 15.92m×10m×7.63m，相当于 5 层楼高，车厢容量高达 250m^3，最高行驶速度为 64km/h，性能远超全球同类装备，堪称运输之王。

图 4-27　徐工 XDE440 型自卸汽车

【项目实施】

1. 微课学习

蓄能器、过滤器和油箱

热交换器、密封装置、油管与管接头

2. 回路元件分析

小组讨论，分析图 4-1 所示硫化机液压保压回路，回答以下问题。

1）回路中哪些元件分别属于辅助元件、控制元件、动力元件、执行元件？

2）写出回路中所用的液压元件的名称、符号及作用。

序号	元件名称	图形符号	数量	作用
1				
2				
3				
4				
5				
6				
7				
8				
9				
10				

3. 液压回路仿真设计及分析

运用 Automation Studio 仿真软件搭建图 4-1 所示回路，并进行仿真，观察液压系统各元件的工作状态。

4. 项目评价

序号	检查内容	自我评分	小组评分	教师评分	备注
1	课前预习(10分)				
2	态度端正,学习认真(10分)				
3	能正确对回路中的元件进行分类(20分)				
4	正确说出回路中各液压元件的名称(15分)				
5	正确说出回路中各控制阀的作用(15分)				
6	搭建仿真回路能实现所需功能(20分)				
7	项目任务的完成度(10分)				
合计	100分				
总分					

注：总分 = 自我评分×40% + 小组评分×25% + 教师评分×35%。

【思考与练习】

简答题

1. 为什么在液压泵的吸油口不安装精过滤器？

2. 蓄能器有哪些用途？

3. 安装与使用蓄能器时应注意哪些事项？

4. 简述过滤器的类型及各自特点。

5. 设计油箱时应注意哪些问题？

6. 如何确定油管的通径和壁厚？

7. 安装液压管路的基本要求有哪些？

8. 常用管接头有哪些种类？

9. 冷却器有哪几种类型？各有何特点？

模块5

液压阀及基本回路

【模块导读】

在液压系统中，液压阀占有相当大的比重。液压阀用来控制液压系统中油液的压力、流量和流动方向，以满足液压执行元件对压力、速度和换向的要求。

液压系统一般由一些实现不同功能的基本回路组成。基本回路就是由各类液压元件或辅助元件按一定方式组合起来、能够完成特定功能的回路。液压基本回路是液压系统的最小单元，一般包括：方向控制回路，控制执行元件运动方向的变换和锁停；压力控制回路，控制整个系统或局部油路的工作压力；速度控制回路，控制和调节执行元件的速度；多执行元件控制回路，控制几个执行元件相互间的工作循环。

这些基本回路是使用经验的总结，因此，熟悉和掌握它们的组成、工作原理、性能特点及其应用之后，就可以根据设备的工作性能、要求和工况特点，正确、合理地选择这些回路，从而组成完整的液压系统。这对正确分析液压系统出现的故障也是十分重要的。

项目 5.1　汽车起重机支腿液压回路的设计

【项目描述】

当汽车起重机在打支腿进行起吊时，垂直支腿必须承受得住起重机本身自重和起吊重物的联合重量，并将重量传递到地面。

支腿的伸缩由液压缸的伸缩实现，液压缸伸出和缩回时的进油路和回油路不同，工作时需要采用换向阀改变液流方向。起吊过程中，垂直支腿必须锁紧，为防止出现"软腿"现象，需要采用单向阀设计锁紧回路。分析图 5-1 所示液压回路，并进行仿真设计。

【项目要求】

➤ 了解液压阀的基本结构、基本原理、作用及分类。
➤ 认识液控单向阀和换向阀的结构、工作原理及图形符号。
➤ 分析换向回路、锁紧回路的组成和功能。

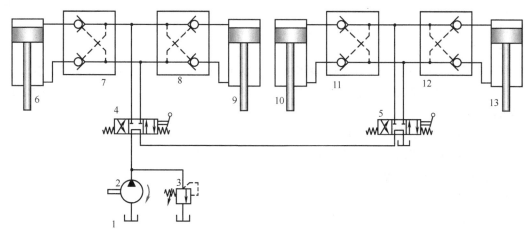

图 5-1　汽车起重机支腿液压回路

➤ 设计换向回路、锁紧回路，并仿真调试回路。

【相关知识】

一、认知液压阀

液压控制阀简称液压阀，是液压系统中用来控制液流的压力、流量和流动方向的控制阀，可以对液压缸、液压马达等执行元件的起动、停止、运动方向、速度和输出力或力矩进行调节和控制。

液压控制阀
基本结构

（一）液压阀的基本结构和工作原理

1. 基本结构

液压阀的基本结构由阀体、阀芯和驱动阀芯动作的元件组成。阀体上除与阀芯相配合的阀体孔或阀座孔外，还有外接油管的进、出油口。阀芯的形式有滑阀式、锥阀式和球阀式；阀芯的驱动方式可以是手动，也可以是弹簧、电磁线圈或液压驱动。

2. 工作原理

液压阀是利用阀芯在阀体内的相对运动来控制阀口的通断及开口大小，从而实现压力、流量和方向的控制。阀口的开口大小、进出油口间的压力差以及通过阀的流量之间的关系符合孔口流量公式，只是各种阀控制的参数不同。

（二）液压阀的分类

液压阀的分类多种多样。按照用途分，可以分为压力控制阀、流量控制阀、方向控制阀；按照结构分，可以分为滑阀、锥阀和球阀；按操纵方式分，可以分为手动、机动、电动、液动和电液动；按照控制方式分，可以分为定值或开关控制阀、电液比例控制阀、电液伺服控制阀和数字阀等；按照连接方式分，可以分为管式阀、板式阀、叠加阀、插装阀等。

（三）液压阀的性能参数和基本要求

1. 性能参数

液压阀的性能参数是对阀进行评价和选用的依据，它反映了阀的规格和工作特性，主要参数有公称通径和额定压力。

（1）**公称通径** 公称通径代表阀的通流能力的大小，对应于阀的额定流量。与阀进、出油口相连接的油管规格应与阀的通径相一致。阀工作时的实际流量应小于或等于其额定流量，最大不得大于额定流量的 1.1 倍。

（2）**额定压力** 额定压力是液压阀长期工作所允许的最高工作压力。对于压力控制阀，实际最高工作压力有时还与阀的调压范围有关；对于换向阀，实际最高工作压力还可能受其功率极限的限制。

2. 液压系统对液压阀的基本要求

1）动作灵敏，使用可靠，工作时冲击和振动小、噪声小。

2）阀口开启时，压力损失小。

3）密封性能好，内泄漏少，无外泄漏。

4）所控制的参数稳定，抗干扰能力强。

5）结构紧凑，安装、调试、维护方便，通用性好。

二、单向阀

方向控制回路是控制执行元件的起动、停止及换向的回路，这类回路包括换向回路和锁紧回路，其核心元件是方向控制阀。常用的方向控制阀有单向阀和换向阀两种。单向阀用于控制油液的单向流动；换向阀用于改变油液的流动方向，接通或切断油路，从而控制液压执行元件的起动、停止或改变其运动方向。

常见的单向阀有普通单向阀和液控单向阀两种。

（一）普通单向阀

普通单向阀简称单向阀，只允许油液向一个方向流动，而另一个方向截止，故又称其为逆止阀或止回阀。图 5-2a 所示是一种板式连接的普通单向阀，压力油从 P1 流入时，克服弹簧 3 作用在阀芯 2 上的力，使阀芯右移，阀口打开，油液从 P2 流出；但当压力油从阀体右端的通口 P2 流入时，液压力和弹簧力方向相同，使阀芯压紧在阀座上，阀口关闭，油液无法流过。

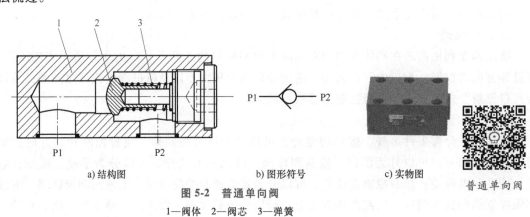

a)结构图 b)图形符号 c)实物图

普通单向阀

图 5-2 普通单向阀

1—阀体　2—阀芯　3—弹簧

单向阀中的弹簧只起使阀芯复位的作用，弹簧刚度应较小，以免液流通过时产生过大的压力损失。一般单向阀的开启压力为 0.035～0.05MPa。

普通单向阀的应用：

1）装于液压泵出口处，防止系统倒流，压力油冲击液压泵，如图 5-3a 所示。

2）安装在两条不同的油路之间，则起到分隔油路、防止相互干扰的作用，如图 5-3b 所示。

3）作为背压阀，安装在液压缸的回油路上，起到产生背压以稳定执行机构运动速度的作用。此时则需换上刚度较大的弹簧，使其开启压力达到 0.2~0.6MPa，如图 5-3c 所示。

4）与某些阀组成复合阀（如单向顺序阀、单向节流阀等）。

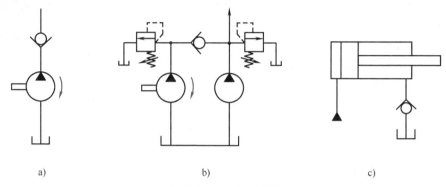

a)　　　　　　　　　　b)　　　　　　　　　　c)

图 5-3　单向阀的应用

（二）液控单向阀

液控单向阀的结构如图 5-4a 所示。液控单向阀是一种通入控制液压油后即能允许油液双向流动的单向阀。当控制口 K 处无压力油通入时，它的工作机制和普通单向阀一样，压力油只能从通口 P1 流向通口 P2，不能反向流动。当控制口 K 有控制压力油时，活塞 1 右移，推动顶杆 2 顶开阀芯 3，使通口 P1 和 P2 接通，油液就可双向流动。图 5-4b 所示为液控单向阀的图形符号。液控单向阀具有良好的单向密封性，常用于执行元件需要长时间保压、锁紧的情况，也常称其为"液压锁"。

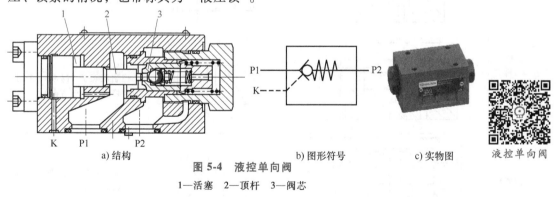

a)结构　　　　　　　b)图形符号　　　　　c)实物图　　　　液控单向阀

图 5-4　液控单向阀

1—活塞　2—顶杆　3—阀芯

三、换向阀

换向阀利用阀芯在阀体中的相对位置的变化，使各液体通路接通、关断或变换油流的方向，从而使液压执行元件起动、停止或变换运动方向。

对换向阀性能的主要要求是：油液流经换向阀时的压力损失要小（一般为 0.3MPa），互不相通的油口间的泄漏小，换向可靠、迅速且平稳无冲击。

（一）换向阀的工作原理

换向阀的工作原理如图 5-5 所示。图示状态下，液压缸两腔不通压力油，活塞处于停止状态。当阀芯左移时，P 口和 A 口连通，B 口和 T 口连通，压力油则从 P 口经 A 口通入液压缸的左腔，液压缸右腔的油液经 B 口至 T 口流回油箱，液压缸活塞向右运动；反之，当阀芯右移时，P 口和 B 口连通，A 口和 T 口连通，活塞向左运动。

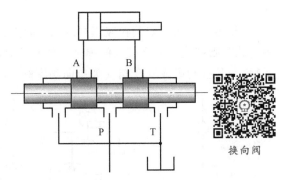

换向阀

图 5-5　换向阀的工作原理示意图

（二）换向阀的分类及图形符号

换向阀按阀的工作位置数、控制的通道数、控制方式和安装方式的不同，可分为各种不同的类型。

按工作位置数，分为二位阀、三位阀、四位阀等。

按控制的通道数，分为二通阀、三通阀、四通阀、五通阀等。

按控制方式，分为手动阀、机动阀、电动阀、液动阀、电液阀等。

按安装方式，分为管式阀、板式阀、法兰式阀等。

按阀芯结构，分为滑阀、转阀等。

常用换向阀的主体结构和图形符号见表 5-1。

表 5-1　常用换向阀的主体结构和图形符号

名称	主体结构	图形符号	使用场合
二位二通阀	A　P	A／P	控制油路的接通与切断（相当于一个开关）
二位三通阀	A　P　B	A　B／P	控制液流方向（从一个方向变换成另一个方向）
二位四通阀	A　P　B　T	A　B／P　T	不能使执行元件在任一位置处停止运动
三位四通阀	A　P　B　T	A　B／P　T	能使执行元件在任一位置处停止运动

表5-1中图形符号表示的含义为：

1）用方格表示阀的工作位置，方格数即"位"数（工作位置数），三格即三位。

二位四通　　　换向阀-
换向阀　　　三位四通

2）方格内箭头"↑"表示流向；堵塞符号"⊥"表示油口不通流。在一个方格内，箭头或堵塞符号与方格的交点数为油口的通路数，即"通"数。

3）P表示压力油的进油口，T表示与油箱连通的回油口，A和B表示连接其他工作油路的油口。

4）三位换向阀中格、二位换向阀画有复位弹簧的那个方格为常态位置。在液压系统原理图中，换向阀的图形符号与油路的连接一般应画在常态位置上，同时在常态位置上应标出油口的代号。

（三）换向阀的操作方式

换向阀的控制方式和复位弹簧的符号画在方框的两侧，见表5-2。

表5-2　换向阀的控制方式及图形符号

控制方式	图形符号	符号说明
手动方式		三位四通手动换向阀,左端表示手动把手,右端表示复位弹簧
机动方式		二位二通机动换向阀,左端表示可伸缩压杆,右端表示复位弹簧
电磁方式		三位四通电磁换向阀,左、右两端都有驱动阀芯动作的电磁铁和对中位弹簧
液压方式		三位四通液动换向阀,由压力油控制阀芯的动作,当阀芯两端无压时,靠左、右复位弹簧复中位
电液方式		由电磁换向阀和液动换向阀组合而成,电磁换向阀起先导作用,双电磁铁驱动弹簧对中位

（四）三位换向阀的中位机能

对于各种操纵方式的三位四通和三位五通的换向滑阀，左、右位用于切换液流方向，以改变执行元件的运动方向。阀芯在中间位置为常态，各油口的连通情况称为换向阀的中位机能。不同的中位机能可以满足液压系统的不同要求。常见三位四通换向阀中位机能的类型、符号、作用和特点见表5-3。

表 5-3　三位四通换向阀的中位机能

类型	符号 三位四通	中位油口状况、特点及应用
O 型	A B / P T	P、A、B、T 四口全封闭,液压缸闭锁,可用于多个换向阀并联工作
H 型	A B / P T	P、A、B、T 四口全通,活塞浮动,在外力作用下可移动,泵卸荷
Y 型	A B / P T	P 口封闭,A、B、T 口相通,活塞浮动,在外力作用下可移动,泵不卸荷
K 型	A B / P T	P、A、T 口相通,B 口封闭,活塞处于闭锁状态,泵卸荷
M 型	A B / P T	P、T 口相通,A 与 B 口均封闭,活塞闭锁不动,泵卸荷。也可用多个 M 型换向阀并联工作
P 型	A B / P T	P、A、B 口相通,T 口封闭,泵与缸两腔相通,可组成差动回路

在分析和选择阀的中位机能时,通常考虑以下几点。

1)系统保压。当 P 口被堵塞时,系统保压,液压泵能用于多缸系统。

2)系统卸荷。P 口通畅地与 T 口接通时,系统卸荷。

3)起动平稳性。阀在中位时,液压缸某腔如通油箱,起动时因无液压油起缓冲作用,起动不太平稳。

4)液压缸"浮动"和在任意位置上的停止。阀在中位,当 A、B 两口互通时,卧式液压缸呈"浮动"状态,可利用其他机构移动工作台,调整其位置。当 A、B 两口堵塞或与 P 口连接时,则可使液压缸在任意位置停下来。

(五)典型换向阀示例

在液压传动系统中广泛采用滑阀式换向阀,这里主要介绍这类换向阀的几种典型结构。

1. 手动换向阀

手动换向阀是用手动杠杆操纵阀芯换位的换向阀,它主要有弹簧复位和钢珠定位两种形式。图 5-6 所示为弹簧自动复位式三位四通手动换向阀,该阀由阀体 3、手柄 1、阀芯 4、弹簧 5 和推杆 2 组成。在非操作状态时,阀芯 4 被复位弹簧保持在中位或初始位置上;当向右或向左推动手柄 1 时,手柄 1 推动推杆 2 并直接控制阀芯 4,阀芯 4 便移动到要求位置;当手柄回到原位时,控制阀芯借助复位弹簧 5 回复到正常位置。这种阀的切换位置由手柄操纵确定。

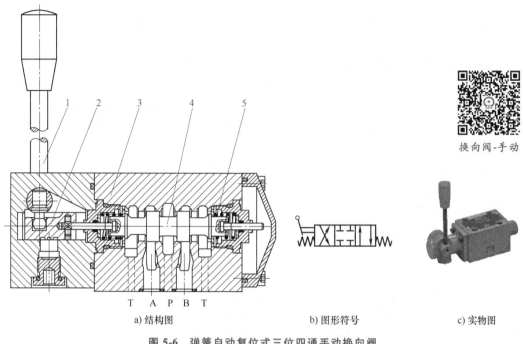

换向阀-手动

a) 结构图　　　　b) 图形符号　　　　c) 实物图

图 5-6　弹簧自动复位式三位四通手动换向阀

1—手柄　2—推杆　3—阀体　4—阀芯　5—弹簧

手动换向阀适用于动作频繁、工作持续时间短的场合，操作比较安全，常用于起重机、混凝土泵车等工程机械的液压传动系统中。

2. 机动换向阀

机动换向阀又称为行程阀，主要用来控制机械运动部件的行程。它利用安装在工作台上的挡块或凸块，推压阀芯端部滚轮使阀芯移动，从而控制液压油的流动方向。图5-7所示二位二通机动换向阀由阀体3、滚轮1、阀芯4、复位弹簧5和推杆2组成。当没有外力操纵时，阀芯4被复位弹簧5保持在起始位置；当有外力操纵时，滚轮推动阀芯4克服复位弹簧弹力，移动至所需的工作位置。

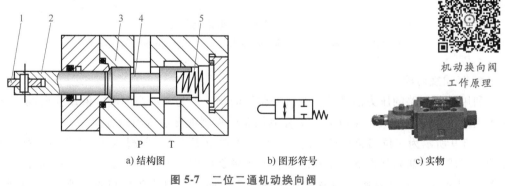

机动换向阀
工作原理

a) 结构图　　　　b) 图形符号　　　　c) 实物

图 5-7　二位二通机动换向阀

1—滚轮　2—推杆　3—阀体　4—阀芯　5—复位弹簧

行程阀常用于控制运动部件的行程或进行快、慢速度的转换，其结构简单、动作可靠，精度高，缺点是必须安装在运动部件附近，一般油管较长。

3. 电磁换向阀

电磁换向阀包括换向滑阀和电磁铁两部分，它是利用电磁铁的吸力控制阀芯换位的换向阀。由于它可借助于按钮开关、行程开关、限位开关、压力继电器等发出的信号进行控制，操纵方便、布局灵活，有利于提高自动化程度，故应用广泛。

图5-8所示三位四通电磁换向阀主要包括阀体1、阀芯2、弹簧3、推杆4、电磁铁5和手动应急操作6。在未通电的状态下，阀芯2由弹簧3保持在中间或初始位置，阀芯2由电磁铁5操作。电磁铁5的力经过推杆4作用在阀芯2上，将其由初始位置推向所需位置，这就使油液从P至A、B至T或P至B、A至T自由流动。

当电磁铁5断电时，阀芯2被弹簧3推向初始位置。手动应急操作6在电磁铁不通电的情况下可控制阀芯2运动。

电磁换向阀布置灵活，易实现程序控制，但受电磁铁尺寸限制，难以用于切换大流量（63L/min以上）的油路。当阀的通径大于10mm时常用压力油操纵阀芯换位。

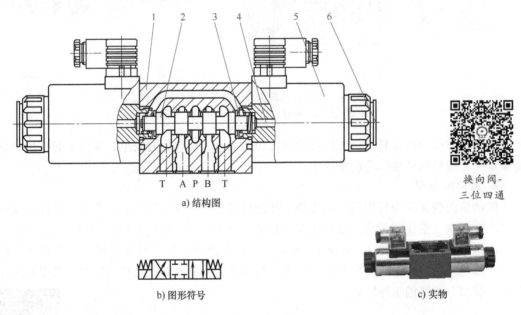

换向阀-
三位四通

a) 结构图

b) 图形符号

c) 实物

图 5-8　三位四通电磁换向阀

1—阀体　2—阀芯　3—弹簧　4—推杆　5—电磁铁　6—手动应急操作

4. 液动换向阀

利用控制油路的压力油推动阀芯改变位置的阀，即为液动换向阀。液动换向阀广泛用于在大流量（阀的通径大于10 mm）的控制回路中控制液压油流动的方向。

图5-9所示为三位四通液动换向阀。该阀主要由阀体1、主阀芯2、弹簧3、先导阀芯4和盖5组成。在初始状态下，主阀芯2在两个弹簧的作用下保持在中间位置；如外来信号油经X口进入主阀芯2左腔，油液推动主阀芯2换向，主阀芯2右腔的油液从Y口回油箱，使油液从P至B、A至T流动；撤去信号油，主阀芯在右侧弹簧力作用下回到中间位置。如信号油从Y口进入，则主阀芯2左移换向，主阀芯2左腔油液从X口回油箱，使油液从P至A、B至T流动。

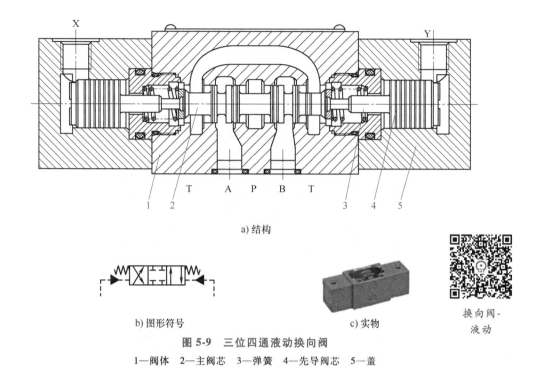

a) 结构

b) 图形符号　　　　c) 实物

换向阀-
液动

图 5-9　三位四通液动换向阀
1—阀体　2—主阀芯　3—弹簧　4—先导阀芯　5—盖

5. 电液换向阀

在大中型液压设备中,当通过阀的流量较大时,作用在滑阀上的摩擦力和液动力较大,此时电磁换向阀的电磁推力相对较小,需要用电液换向阀来代替电磁换向阀。电液换向阀是由电磁换向阀与液动换向阀组成的。电磁阀起先导作用,用于改变控制液流的方向,从而改变液动阀阀芯的位置。由于操纵液动阀的液压推力可以很大,所以主阀芯的尺寸可以做得很大,允许较大流量的油液通过。

图 5-10a 所示为三位四通电液换向阀的结构图,该阀主要由主阀体 5、主阀芯 6 和弹簧 7 组成。主阀芯 6 借助于弹簧力或液压力保持在中间位置,先导电磁阀 1 可控制主阀的换向。主阀芯 6 由两个弹簧 7 保持在中间位置上,两弹簧腔 8 通过先导电磁阀 1 与油箱相通。

控制油经进油道 4 进入先导电磁阀 1 中,当先导电磁阀 1 换向(先导阀的一个电磁铁通电)时,压力油作用在主阀芯 6 两端中的一个端面上,推动主阀芯 6 移动,接通相应的油口,从而改变液流的流动方向。

当电磁铁断电时,主阀芯 6 回到初始位置,两弹簧腔 8 通过先导电磁阀 1 与油箱相通,在弹簧力的作用下,主阀芯 6 回到中间位置,弹簧腔 8 中的油经先导电磁阀 1 通过外排口 Y 或内部通道 T 排出。

四、方向控制基本回路

在液压系统中,方向控制回路是控制执行元件的起动、停止或改变运动方向的回路,常见的有换向回路、锁紧回路和浮动回路等。

(一) 换向回路

所有的执行元件都需要有换向回路。换向回路用于控制液压系统中液流的方向,从而改

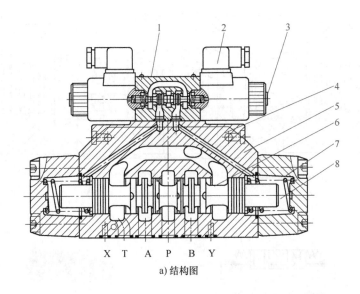

a) 结构图

b) 图形符号

c) 实物图

电液换向阀
工作原理

图 5-10　三位四通电液换向阀
1—先导电磁阀　2—电磁铁　3—手动按钮　4—控制油进油道
5—主阀体　6—主阀芯　7—弹簧　8—弹簧腔

变执行元件的运动方向。

1. 换向阀换向回路

利用二位四通、三位四通电磁换向阀换向是最常用的换向方式。二位换向阀使执行元件
具有两种状态，三位换向阀使执行元件具有三种状态，不
同的中位机能可使系统获得不同的性能。采用三位四通换
向阀的换向回路如图 5-11 所示。

当电磁阀 Y2 得电、Y1 失电时，换向阀处于右位，液
压泵来的压力油进入液压缸的无杆腔，推动活塞杆伸出，
此时进油路为：油箱→泵→三位四通换向阀右位→液压缸
无杆腔；有杆腔回油，回油路为：液压缸有杆腔→三位四
通换向阀右位→油箱。

当电磁阀 Y1 得电、Y2 失电时，换向阀处于左位，液
压泵来的压力油进入液压缸的有杆腔，推动活塞杆缩回，

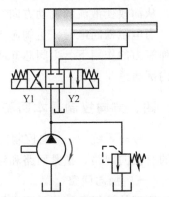

图 5-11　三位四通换向阀换向回路

此时进油路为：油箱→泵→三位四通换向阀左位→液压缸有杆腔；无杆腔回油，回油路为：液压缸无杆腔→三位四通换向阀左位→油箱。

当电磁阀 Y1 和 Y2 都失电时，换向阀处于中位，液压泵过来的压力油通过溢流阀回油箱，液压缸处于停止状态。电磁阀动作顺序见表 5-4。

表 5-4 换向回路电磁阀动作顺序表

工序动作	Y1	Y2
活塞杆伸出	−	+
活塞杆缩回	+	−
停止	−	−

注："+"表示电磁阀通电，"−"表示电磁阀断电。

2. 双向变量泵换向回路

双向变量泵换向回路是利用双向变量泵直接改变泵的进出口油流方向，以实现执行元件的换向，如图 5-12 所示。这种换向回路比换向阀换向回路换向平稳，多用于大功率的液压系统，如龙门刨床、拉床和工程机械的液压系统。

（二）锁紧回路

锁紧回路的作用是使液压缸在任意位置停留，且停留后不会在外力作用下移动位置。常见的锁紧回路有以下几种。

1. 利用换向阀的中位机能锁紧

利用三位换向阀的中位机能（O 型或 M 型）封闭液压缸两腔进、出油口，使液压缸锁紧。这种回路结构简单，不需要其他装置即可实现液压缸的锁紧。由于换向阀的泄漏，锁紧精度较差，所以经常用于锁紧精度要求不高、停留时间不长的液压系统中。

2. 利用液控单向阀锁紧

图 5-13 所示为利用双液控单向阀的锁紧回路。液压缸两个油口处装有一个双液控单向阀，当换向阀处于左位或右位工作时，双液控单向阀控制口 K2 或 K1 通入压力油，缸的回油便可反向通过单向阀口，此时活塞可向右或向左移动；当换向阀处于中位时，因阀的中位机能为 H 型，双液控单向阀的控制油直接通油箱，故控制压力立即消失，液控单向阀不再反向导通，液压缸因两腔油液封闭便被锁紧。由于液控单向阀的反向密封性很好，因此锁紧可靠，故这种回路常用于锁紧精度要求高且长时间锁紧的液压系统中。

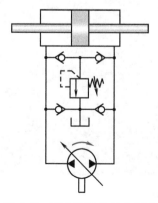

图 5-12 双向变量泵换向回路

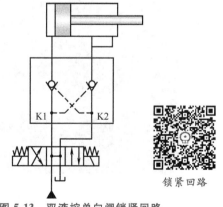

锁紧回路

图 5-13 双液控单向阀锁紧回路

3. 利用平衡阀锁紧

用平衡阀锁紧的回路只具有单向（液压缸下行时）锁紧功能。为保证锁紧可靠，必须注意平衡阀开启压力的调定。在采用外控平衡阀的回路中，还应注意采用合适的换向机能的换向阀。

（三）浮动回路

浮动回路的作用是使执行元件处于无约束的自由状态，在油路中就是使执行元件的进出油口同时通油箱。根据执行元件的具体功用不同，浮动回路的形式有二位二通换向阀浮动、换向阀中位（H 型或 Y 型）浮动、换向阀浮动位浮动和补油阀浮动等多种。图 5-14 所示为换向阀中位浮动回路。

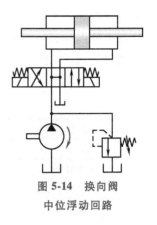

图 5-14 换向阀
中位浮动回路

【知识拓展】

国之重器：亚洲最大重型自航绞吸船"天鲲"号

"天鲲"号是我国自主设计建造的目前亚洲最大、最先进，也是目前世界上智能化水平最高的重型自航绞吸挖泥船，标志着我国疏浚装备研发建造能力进一步升级，处于世界先进水平。

"天鲲"号（图 5-15）全长 140m、宽 27.8m，最大挖深 35m，是名副其实的庞然大物。它由 97 个大钢构件拼接而成，就像搭建积木一样，前端有个巨型绞吸头，可以将河道或者海底的泥沙岩石绞碎，船体内功率巨大的泥泵吸取这些泥沙混合物，以 6000m³/h 的速度输送到几千米乃至十几千米之外。同时，利用这些挖出来的泥沙和岩石铺成陆地，快速造岛。如果用 6000m³/h 的速度来填埋 1m 深的坑，每小时可以填埋出一个足球场，所以"天鲲"号又被称为"疏浚造岛神器"。

"天鲲"号的液压系统中，对绞刀、定位桩等运动的方向控制就是采用方向控制阀实现的。

图 5-15 "天鲲"号自航绞吸船

【项目实施】

1. 微课学习

单向阀

换向阀

中位机能

方向控制回路

2. 回路元件分析

小组讨论，列出图 5-1 所示液压回路设计中所用的液压元件，写出名称、图形符号及作用。

序号	元件名称	图形符号	数量	作用
1				
2				
3				
4				
5				
6				
7				
8				
9				
10				
11				
12				
13				

3. 液压回路仿真设计及分析

1）根据项目要求和选择的元件清单，补全液压回路，如图 5-16 所示，并用 Automation Studio 软件进行仿真。

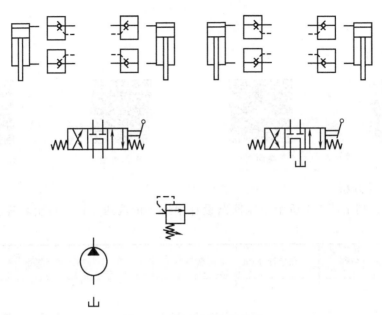

图 5-16　液压回路仿真设计

2）油路分析。分析图 5-1 中液压缸 6 伸出与缩回时油液的流动路线。

液压缸 6 活塞杆伸出时的进油路：

液压缸 6 活塞杆伸出时的回油路：

液压缸 6 活塞杆缩回时的进油路：

液压缸 6 活塞杆缩回时的回油路：

3）换向阀中的"位"和"通"的含义是什么？

4）请分析图 5-1 所示回路中双液控单向阀的工作原理。

5）请按要求填写下表。

阀的名称	阀的符号	中位机能类型	中位机能性能特点分析

4. 项目评价

序号	检查内容	自我评分	小组评分	教师评分	备注
1	课前预习（10 分）				
2	态度端正，学习认真（10 分）				
3	能正确说出回路中各液压元件的名称（10 分）				
4	搭建仿真回路能实现所需功能（20 分）				
5	能正确写出进油路和回油路（20 分）				
6	能解释换向阀的"位"和"通"（10 分）				
7	能正确理解液控单向阀的工作原理（10 分）				
8	能正确理解三位阀的中位机能（10 分）				
合计	100 分				
总分					

注：总分＝自我评分×40％＋小组评分×25％＋教师评分×35％。

【思考与练习】

一、判断题

1. 单向阀做背压阀用时，应将其弹簧更换成软弹簧。（　　）

2. 液控单向阀控制油口不通压力油时，其作用与单向阀相同。（　　）

3. 三位五通阀有三个工作位置，五个油口。（　　）

4. 换向阀是通过改变阀芯在阀体内的相对位置来实现换向作用的。（　　）

5. M 型中位机能的换向阀不能实现中位卸荷。（　　）

6. 单向阀的作用是变换液流流动方向，接通或关闭油路。（　　）

7. 因液控单向阀关闭时密封性能好，故常用在保压回路和锁紧回路中。（　　）

二、选择题

1. 常用的电磁换向阀用于控制油液的（　　）。

A. 流量　　　　　　　B. 压力　　　　　　　C. 方向

2. 液压方向阀中，除了单向阀外，还有（　　）。

A. 溢流阀　　　　　　B. 节流阀　　　　　　C. 换向阀　　　　　　D. 顺序阀

3. 使用液控单向阀的闭锁回路比用滑阀闭锁回路的锁紧效果好，其原因是（　　）。

A. 液控单向阀结构简单　　　　　　　B. 液控单向阀具有良好的密封性

C. 滑阀闭锁回路结构复杂　　　　　　D. 滑阀具有良好的密封性

4. 使用三位换向阀的中位机能，（　　）型机能既可以闭锁液压缸，又可以使泵卸载。

A. O　　　　　　　　B. H　　　　　　　　C. Y　　　　　　　　D. M

5. 为了实现单杆液压缸差动快进，中位机能可选用（　　）型。

A. O　　　　　　　　B. H　　　　　　　　C. Y　　　　　　　　D. P

6. 采用（　　）可以实现液压锁紧回路。

A. 普通单向阀　　　　B. 调速阀　　　　　　C. 液控单向阀　　　　D. 换向阀

7. 方向控制回路可以起到的作用是（　　）。

A. 接通油路　　　　　　　　　　　　B. 关闭油路

C. 改变流向　　　　　　　　　　　　D. 调节流量

E. 调节压力

三、分析题

1. 说明 O 型、M 型、P 型和 H 型三位四通换向阀在中间位置时的性能特点。

2. 二位四通电磁阀能否做二位三通阀或二位二通阀使用？具体接法如何？

3. 试分析液控单向阀在图 5-17 所示回路中的作用。

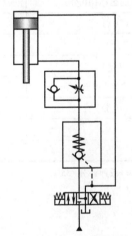

图 5-17　液控单向阀的作用

项目 5.2　起重机吊臂变幅液压回路的设计

【项目描述】

起重机吊臂变幅，就是用液压缸改变起重臂的起落角度。吊臂仰起时，液压负载最大；

吊臂停止时，要求自锁，以防止吊臂在自重及起吊重量作用下下落；吊臂俯下时，要求平稳可靠。分析图 5-18 所示汽车起重机吊臂变幅液压回路，并进行仿真设计。

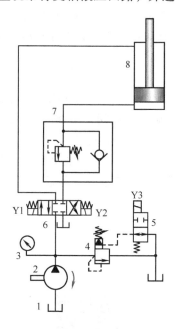

图 5-18　汽车起重机吊臂变幅液压回路

【项目要求】

➤ 掌握溢流阀、减压阀、顺序阀、压力继电器的结构、工作原理和图形符号。
➤ 掌握溢流阀、减压阀、顺序阀、压力继电器在液压系统中的应用。
➤ 理解溢流阀、减压阀和顺序阀的区别。
➤ 能利用压力控制阀识读、设计基本压力控制回路。

【相关知识】

在液压系统中，控制油液压力高低的阀和利用压力变化实现动作控制的阀统称为压力控制阀。在具体的液压系统中，根据工作需要的不同，对压力控制的要求是各不相同的：有的需要限制液压系统的最高压力，如安全阀；有的需要稳定液压系统中某处的压力值，如溢流阀、减压阀等定压阀；还有的是利用液压力作为信号控制其动作，如顺序阀、压力继电器等。这类阀的共同点就是利用作用在阀芯上的液压力和弹簧力相平衡的原理来工作的，由阀体、阀芯、弹簧和调节装置四部分组成。

压力控制阀

压力控制回路是利用压力控制阀来控制系统整体或局部支路的压力，以满足液压执行元件对力或转矩要求的回路。压力控制回路包括调压、减压、增压、卸荷和平衡等多种回路；要根据设备使用的工艺要求、方案特点、适用场合综合考虑，正确地选择和设计合理的压力控制回路。

一、溢流阀

溢流阀通过阀口的溢流来调整系统或回路的工作压力，实现稳压、调压或限压作用。溢流阀按其结构和工作原理可分为直动式溢流阀和先导式溢流阀两类。

（一）溢流阀工作原理和结构

1. 直动式溢流阀

直动式溢流阀依靠系统中的压力油直接作用在阀芯上与弹簧力相平衡，来控制阀芯的启闭动作。图 5-19 所示为滑阀式直动式溢流阀，由阀套 2、弹簧 3、阀芯 4、压力调节元件 1 等组成，借助于压力调节元件可无级设定系统压力。弹簧 3 将阀芯 4 压在其阀座上，管路 P 和系统连接，系统压力作用在阀芯 4 上，如果管路 P 的压力超过弹簧 3 的设定值，则阀芯克服弹簧力而开启，压力油从 P 管路流向 T 管路。阀芯 4 的行程受销轴 5 限制。

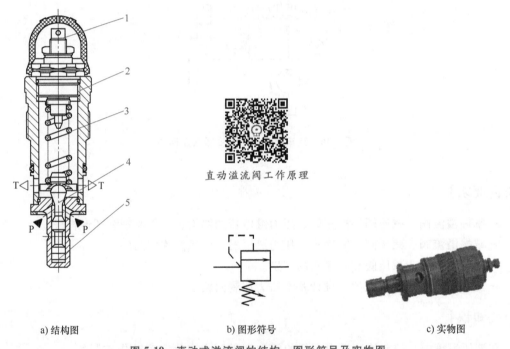

直动溢流阀工作原理

a) 结构图　　　　　　　b) 图形符号　　　　　　　c) 实物图

图 5-19　直动式溢流阀的结构、图形符号及实物图

1—压力调节元件　2—阀套　3—弹簧　4—阀芯　5—销轴

调整压力调节元件，改变弹簧预压缩量，便可调整溢流压力。

直动式溢流阀结构简单，灵敏度高，但压力波动受溢流量的影响较大，稳定性差，适合于低压小流量系统。

2. 先导式溢流阀

先导式溢流阀通过压力油先作用在先导阀芯上与弹簧力相平衡，再作用在主阀芯上与弹簧力相平衡，实现控制主阀芯的启闭动作。

图 5-20 所示先导式溢流阀由先导阀和主阀两部分组成。进油口 P 的压力油进入阀体，并经阻尼孔 3 进入阀芯上腔；主阀芯上腔压力油由先导阀来调整并控制。当系统压力低于先导阀调定值时，先导阀关闭，阀内无油液流动，主阀芯上、下腔油压相等，因而在主阀弹簧

作用下使阀口关闭，阀不溢流。当进油口 P 的压力升高时，先导阀进油腔油压也升高，直至达到先导阀弹簧的调定压力时，先导阀被打开，主阀芯上腔油液流过先导阀口并经阀体上的孔道和回油口 T 流回油箱，由于阻尼孔 3 的阻尼作用，使主阀芯两端产生压力差，当此压力差大于主阀弹簧 1 的作用力时，主阀芯抬起，实现溢流稳压。调节先导阀的手轮，便可调整溢流阀的工作压力。

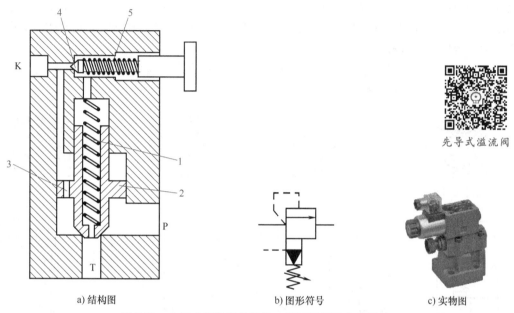

a) 结构图　　　　　　　　　　　　b) 图形符号　　　　　　c) 实物图

图 5-20　先导式溢流阀的结构、图形符号及实物图

1—主阀弹簧　2—主阀芯　3—阻尼孔　4—先导阀阀芯　5—先导阀弹簧

先导式溢流阀

由于通过先导阀的流量较小，先导阀的阀孔尺寸也较小，调压弹簧的刚度也就不大，因此调压比较轻便。主阀芯因两端均受油液压力作用，平衡弹簧只需很小刚度，当溢流量变化而引起主阀平衡弹簧压缩量变化时，溢流阀所控制的压力变化也就较小，故先导式溢流阀稳压性能优于直动式溢流阀，适合中高压系统。但先导式溢流阀必须在先导阀和主阀都动作后才能起控制压力作用，因此不如直动式溢流阀反应快。

先导式溢流阀有一个远程控制口 K，如果将 K 口用油管接到另一个远程调压阀上，调节远程调压阀的弹簧力，即可调节溢流阀主阀芯上端的液压力，从而对溢流阀的溢流压力实现远程调节。但是，远程调压阀所能调节的最高压力不得超过溢流阀本身先导阀的调整压力。

（二）溢流阀的应用

（1）溢流稳压　溢流阀常用于节流调速系统中，与流量控制阀配合使用，调节进入系统的流量，并保持系统的压力基本恒定。如图 5-21a 所示，溢流阀并联于系统中，进入液压缸的流量由节流阀调节。由于定量泵输出流量大于液压缸所需的流量，油压升高，将溢流阀打开，多余的液压油经溢流阀流回油箱。因此，溢流阀的功用就是在不断的溢流过程中保持系统压力基本不变。

（2）过载保护　用于过载保护的溢流阀一般称为安全阀，一般旁接在变量泵的出口，用来限制系统的最大压力值，避免引起过载事故。如图 5-21b 所示，系统正常工作时，溢流阀阀口关闭，当系统过载时才打开，以保证系统的安全，故称其为安全阀。

（3）**使泵卸荷**　由先导式溢流阀配合二位二通阀使用，可使系统卸荷。如图 5-21c 所示，当电磁铁通电时，溢流阀的远程控制口通油箱，此时溢流阀阀口全开，泵输出的油液全部回油箱，使泵卸荷，以降低功耗。

（4）**远程调压**　用直动式溢流阀连接先导式溢流阀的远程控制口，可实现远程调压。如图 5-21d 所示，直动式溢流阀与先导式溢流阀上的先导阀并联于主阀芯的上腔，即主阀芯上腔的油液同时作用在远程调压阀和先导阀阀芯上。实际使用时，主溢流阀常安装在液压泵的出口上，而远程调压阀安装在操作台上，远程调压阀的调定压力应低于先导式溢流阀的调定压力，否则调节远程调压阀无效。

（5）**产生背压**　将直动式溢流阀装在执行元件回油路上起背压作用，使执行元件运动速度平稳，如图 5-21e 所示。

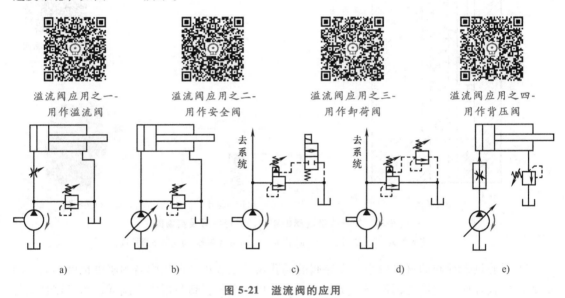

溢流阀应用之一-　　　溢流阀应用之二-　　　溢流阀应用之三-　　　溢流阀应用之四-
用作溢流阀　　　　　　用作安全阀　　　　　　用作卸荷阀　　　　　　用作背压阀

a)　　　　　　　　b)　　　　　　　　c)　　　　　　　　d)　　　　　　　　e)

图 5-21　溢流阀的应用

二、减压阀

减压阀是利用油液通过缝隙时产生压力损失的原理，使其出口压力低于进口压力的压力控制阀。减压阀的作用是降低液压系统中某一回路的液压油压力，使一个油源能同时提供两个或几个不同压力的输出。减压阀也有直动式和先导式两种，直动式很少单独使用，先导式则应用比较多。

（一）减压阀的工作原理

减压阀根据功用的不同可分为定值减压阀、定差减压阀和定比减压阀。定值减压阀可以获得比进口压力低且稳定的出口工作压力值；定差减压阀可使阀的进出口压力差保持恒定；定比减压阀可使阀进出口压力间保持一定的比例关系。定值减压阀应用最广，简称减压阀。这里只介绍定值减压阀。

图 5-22 所示为先导式减压阀，它在结构上与先导式溢流阀相似，也由先导阀和主阀两部分组成。压力油从阀的进油口进入进油腔 P1，经减压阀口 X 减压后，再从出油腔 P2 和出油口流出。出油腔压力油经小孔 f 进入主阀芯 5 的下端，同时经阻尼小孔 e 流入主阀芯上

端，再经孔 c 和 b 作用于先导阀阀芯 3 上。当出油口压力较低时，先导阀关闭，主阀芯两端压力相等，主阀芯被平衡弹簧 4 压在最下端（图示位置），减压阀口开度最大，压降最小，减压阀不起减压作用。当出油口压力达到先导阀的调定压力时，先导阀开启，此时 P2 腔的部分压力油经孔 e、c、b、先导阀口、孔 a 和泄漏口 L 流回油箱。由于阻尼小孔 c 的作用，主阀芯两端产生压力差，主阀芯在压力差作用下克服平衡弹簧的弹力上移，减压阀口减小，使出油口压力降低至调定压力。由于外界干扰（如负载变化）使出油口压力变化时，减压阀将会自动调整减压阀口的开度，以保持出油口压力稳定。调节螺母 1 可调节调压弹簧 2 的预压缩量，从而调定减压阀出油口压力。由此可见，减压阀能利用出油口压力的反馈作用，自动控制阀口开度，保证出口压力基本上为弹簧调定压力，因此这种减压阀也称为定值减压阀。

减压阀的特点：减压阀控制出口油压，出口压力低于进口压力并为定值；减压阀阀口是常开的，并有单独的泄油口。

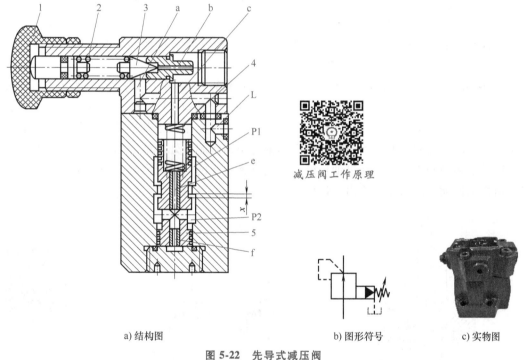

a) 结构图　　　　　　　　b) 图形符号　　　　　　c) 实物图

图 5-22　先导式减压阀

1—调节螺母　2—调压弹簧　3—先导阀阀芯　4—平衡弹簧　5—主阀芯

（二）减压阀的应用

减压阀常用于降低系统某一支路油液的压力，使该二次油路的压力稳定且低于系统的调定压力，如夹紧油路、润滑油路和控制油路。必须说明的是，减压阀出口压力还与出口的负载有关，若因负载建立的压力低于调定压力，则出口压力由负载决定，此时减压阀不起减压作用。

图 5-23 所示是减压阀用于夹紧油路的原理图。液压泵除供给主油路压力油外，还经分支路上的减压阀为夹紧缸提供比泵出口压力低的稳定压力油，其夹紧力大小由减压阀来调节控制。

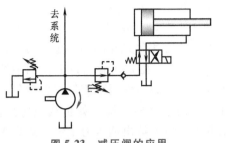

减压阀应用

图 5-23　减压阀的应用

三、顺序阀

顺序阀是利用系统压力变化来控制油路的通断，以实现各执行元件按先后顺序动作的压力阀。顺序阀按控制压力的不同分为内控式和外控式两种，内控式用阀的进口压力控制阀芯的启闭，外控式用外来的控制压力油控制阀芯的启闭（即液控顺序阀）；按结构形式不同，分为直动式和先导式，直动式一般用于低压系统，先导式用于中高压系统；按泄漏方式，分为内泄式和外泄式，内泄式的泄油从出油口流回油箱，外泄式的泄油从泄油口流回油箱。

（一）顺序阀的工作原理及结构

图 5-24a 所示为直动式顺序阀的结构，它由阀体 3、阀芯 4、弹簧 5、上阀盖 6、下阀盖 1 和控制活塞 2 等组成。它的工作原理是：液压油由进油口 P1 经阀芯 4 和下阀盖 1 的小孔流到控制活塞 2 的下方，使阀芯 4 受到一个向上的推力作用。当其进油口的压力低于弹簧 5 的调定压力时，控制活塞 2 下端油液向上的推力小，阀芯 4 处于最下端位置，阀口关闭，油液不能通过顺序阀流出。当其进油口的压力达到弹簧 5 的调定压力时，阀芯 4 抬起，阀口开启，压力油便能通过顺序阀流出，使阀后的油路工作。

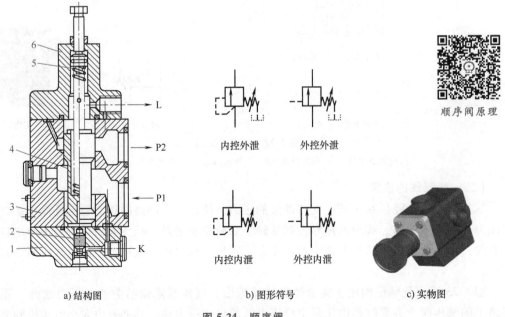

顺序阀原理

a) 结构图　　　　　b) 图形符号　　　　　c) 实物图

图 5-24　顺序阀

1—下阀盖　2—控制活塞　3—阀体　4—阀芯　5—弹簧　6—上阀盖

若其下部的控制油口 K 通入压力油，阀芯的启闭即依靠外部控制油来控制，内控式顺序阀就可变为外控式顺序阀。

先导式顺序阀的工作原理与前述先导式溢流阀相似，不同的只是顺序阀的出油口通向系统的另一压力油路，而溢流阀的出油口通油箱。顺序阀关闭时要有良好的密封性能，故阀芯和阀体的封油长度比溢流阀长，相应零件制造精度也较高。

（二）顺序阀的应用

（1）顺序回路　顺序阀在定位缸进行动作时处于关闭状态，当定位缸到终点时，油液压力升高，达到顺序阀的调定压力后，顺序阀打开，从而实现夹紧缸移动，如图5-25所示。

（2）与单向阀组成平衡回路　如图5-26所示，根据用途，要求顺序阀的调定压力应稍大于工作部件的自重在液压缸下腔形成的压力。当换向阀处于中位，液压缸不工作时，顺序阀关闭，工作部件不会自行下滑；当换向阀右位工作时，液压缸上腔通压力油，下腔的背压大于顺序阀的调定压力时，顺序阀开启，活塞与运动部件下行，由于自重得到平衡，故不会产生超速现象。平衡回路常用于汽车起重机的起升、吊臂伸缩和变幅机构的液压系统中。

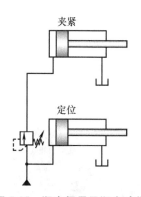

图 5-25　顺序阀用于顺序动作

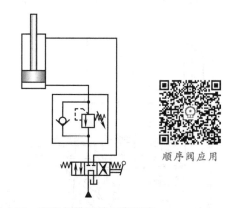

顺序阀应用

图 5-26　顺序阀控制的平衡回路

（三）溢流阀、减压阀、顺序阀的比较

溢流阀、减压阀、顺序阀的比较见表5-5。

表 5-5　溢流阀、减压阀、顺序阀的比较

比较内容	溢流阀	减压阀	顺序阀
控制油路的特点	通过调整弹簧的压力控制进油路的压力，保证进口压力恒定，出口压力为零	通过调整弹簧的压力控制出油口的压力，保证出口压力恒定	直动式通过调定调压弹簧的压力控制进油路的压力，外控式由单独油路控制阀芯开启或者关闭
出油口情况	出油口与油箱相连	出油口与减压回路相连	出油口常与工作回路相连
泄漏形式	内泄式	外泄式	内泄式、外泄式
常态	常闭（原始状态）	常开（原始状态）	常闭（原始状态）
工作状态进油口压力值	进、出油口相连，进油口的压力为调整压力，压降大	进油口压力高于出油口压力，出油口压力稳定在调整值上，压降大	进、出油口相通，进油口压力允许继续升高，压降小

（续）

比较内容	溢流阀	减压阀	顺序阀
功用	定压、溢流、安全限压、稳压、保压	减压、稳压	不控制系统压力，只利用系统的压力变化控制油路的通断
控制阀口	进油腔压力控制阀芯移动，保证进口压力为定值	出油腔压力控制阀芯移动，保证出口压力为定值	进油腔压力控制阀芯移动

四、压力继电器

压力继电器是将油液的压力信号转变为电信号的转换元件。当油液压力达到继电器的调定压力时，即可触动电气开关以控制电磁铁、电磁离合器、继电器等电气元件动作，实现油路卸压、换向，执行元件实现顺序动作，系统实现安全保护等。

图 5-27 所示为压力继电器，被检测的压力作用在柱塞 1 上，柱塞 1 顶在弹簧座 3 上，并克服弹簧 4 的连续可变力。弹簧座 3 将柱塞 1 的移动传递给开关 2，发出电信号。改变调节螺钉的预压力，可以调整压力继电器的动作压力。

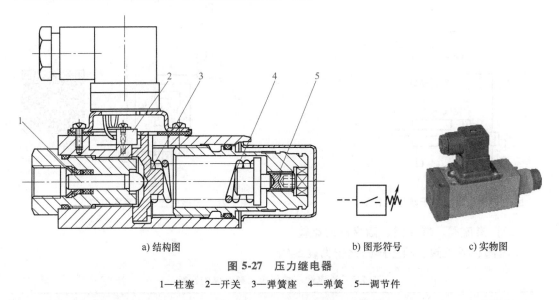

a) 结构图   b) 图形符号   c) 实物图

图 5-27　压力继电器

1—柱塞　2—开关　3—弹簧座　4—弹簧　5—调节件

五、压力控制回路

压力控制回路利用压力控制阀来控制系统和某一部分的压力，以满足执行机构对力或转矩的要求，或者实现工作机构平衡或顺序动作。它包括调压回路、减压回路、增压回路、卸荷回路、保压回路或平衡回路等。

（一）调压回路

调压回路是使液压系统整体或某一部分的压力保持恒定或者不超过某个数值，或者使执行机构在工作过程的不同阶段实现多级压力变换，一般由溢流阀来实现这一功能。

1. 单级调压回路

如图 5-21a 所示，在液压泵的出口处设置并联的溢流阀来控制回路的最高压力为恒定值。在工作过程中溢流阀是常闭的，液压泵的工作压力决定于溢流阀的调整压力，溢流阀的调整压力必须大于液压缸最大工作压力和油路各种压力损失的总和，一般为系统工作压力的 1.1倍。

2. 双向调压回路

执行元件正反行程需不同的供油压力时，可采用双向调压回路，如图5-28所示。当换向阀在左位工作时，活塞为工作行程，泵出口由溢流阀1调定为较高压力，液压缸右腔油液通过换向阀回油箱，溢流阀2此时不起作用。当换向阀在右位工作时，液压缸空行程返回，泵出口由溢流阀2调定为较低压力，溢流阀1不起作用。液压缸退抵终点后，泵在低压下回油，功率损耗小。

3. 多级调压回路

有些液压设备的液压系统需要在不同的工作阶段获得不同的压力，如压力机、塑料注射机在工作过程的不同阶段往往需要不同的工作压力，这时就应采用多级调压回路。

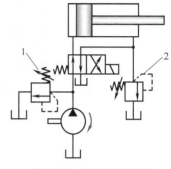

图5-28 双向调压回路

图5-29a所示为二级调压回路，在图示状态，泵出口压力由溢流阀1调定为较高压力；二位二通换向阀通电后，则由远程调压阀2调定为较低压力。阀2的调定压力必须小于阀1的调定压力，否则不起作用。

图5-29b所示为三级调压回路，图示状态时，泵出口压力由阀3调定为最高压力；当换向阀4的左、右电磁铁分别通电时，泵压分别由远程调压阀5和6调定。阀5和阀6的调定压力必须小于阀3的调定压力值，否则不起作用。

4. 电液比例调压回路

图5-30所示为电液比例调压回路。通过调节比例溢流阀的输入电流，即可实现系统压力的无级调节。此回路结构简单，调压过程平稳，且容易使系统实现远距离控制或程序控制。

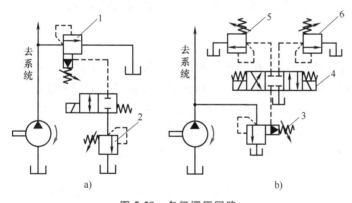

a)   b)

图5-29 多级调压回路

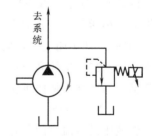

图5-30 电液比例调压回路

（二）减压回路

减压回路的功能是使液压系统中某一支路具有比主油路低的稳定压力。减压回路常用于机床液压系统中工件的夹紧、导轨润滑及控制油路中。

最常见的减压回路是通过定值减压阀与主油路相连的，如图5-31a所示。回路中的单向阀供主油路在压力降低（低于减压阀调整压力）时防止油液倒流，起短时保压之用。在减压回路中，也可以采用类似两级或多级调压的方法获得两级或多级减压。图 5-31b 所示为利用先导式减压阀 1 的远控口接一远控溢流阀 2，则可由阀 1、阀 2 各调定一种低压。应当注意，阀 2 的调定压力值一定要低于阀 1 的调定压力值。

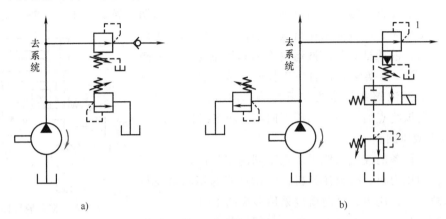

图 5-31　减压回路

（三）增压回路

增压回路的功能是提高系统中某一支路的工作压力，以满足局部工作机构所需的高压。采用增压回路可省去高压泵，且系统的整体工作压力仍然较低，这样就可以降低成本、节省能源和简化结构。增压回路中实现油液压力放大的主要元件是增压缸，其增压比为增压缸大小活塞的面积之比。

1. 单作用增压缸的增压回路

如图 5-32a 所示，当换向阀处于图示位置工作时，系统供油压力为 p_1，进入增压缸的大活塞腔，此时在小活塞腔即可得到所需的较高压力 p_2；当换向阀切换至右位时，增压缸活塞返回，补油箱中的油液经单向阀向小活塞腔补油。这种回路不能获得连续的高压油，因此只适用于行程较短的单作用液压缸回路。

2. 双作用增压缸的增压回路

图 5-32b 所示为双作用增压缸的增压回路。在图示位置，液压泵中的压力油进入增压缸左端大、小活塞腔，右端大活塞腔接油箱，右端小活塞腔输出的高压油经单向阀 4 输出，此时单向阀 2、3 关闭。当换向阀的电磁铁通电时，换向阀在右位工作，增压缸活塞向左移动，左端小活塞腔输出的高压油经单向阀 3 输出。这样，增压缸的活塞不断往复运动，其两端便交替输出高压油，从而可实现连续增压，适用于增压行程要求较长的场合。

（四）卸荷回路

在液压设备短时间停止工作期间，一般不宜关闭电动机，因为频繁起动对电动机和液压泵的寿命有严重影响。但若让液压泵在溢流阀调定压力下回油，又会造成很大的能量浪费，使油温升高，系统性能下降，为此常设置卸荷回路，以解决上述矛盾。

所谓卸荷，就是指液压泵的功率损耗接近于零的运转状态。功率为流量与压力之积，两者任一近似为零，功率损耗即近似为零，故卸荷有流量卸荷和压力卸荷两种方法。流量卸荷法用于变量泵，此法简单，但液压泵处于高压状态，磨损比较严重；压力卸荷法是使液压泵在接近零压下工作。常见的压力卸荷回路有下述几种。

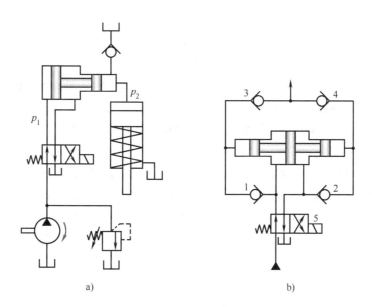

图 5-32 增压回路

1. 采用换向阀中位机能的卸荷回路

当卸荷回路中 M、H 和 K 型中位机能的三位换向阀处于中位时，使液压泵与油箱连通，可实现卸荷，如图 5-33a 所示。这种卸荷回路的卸荷方法比较简单，但压力较高、流量较大时，容易产生冲击，故适用于低压、小流量液压系统。

2. 采用二位二通阀的卸荷回路

图 5-33b 所示为采用二位二通阀的卸荷回路，电磁阀得电，泵即卸荷。但应注意，二位二通阀的流量不应小于泵的流量。该回路工作可靠，适用于中、小流量系统。

3. 采用电磁溢流阀的卸荷回路

图 5-33c 所示的卸荷回路采用先导式溢流阀和流量规格较小的二位二通电磁阀组成一个电磁溢流阀。当电磁阀得电时，先导式溢流阀的遥控口接油箱，其主阀口全开，液压泵实现卸荷。这种卸荷回路卸荷压力小，切换时冲击也小。

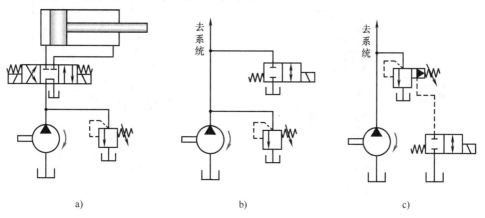

图 5-33 卸荷回路

（五）保压回路

在液压系统中，有些设备在工作过程中要求液压执行机构在其行程终止时保持一段时间压力，如机床的夹紧机构就要求采用保压回路。

所谓保压回路，就是使系统在液压缸不动或者仅有微小位移的情况下仍能保持其工作压力。最简单的保压回路是使用密封性能较好的液控单向阀的回路，但是阀类元件处的泄漏使得这种回路的保压时间不能维持太久。常用的保压回路有以下几种。

1. 利用液压泵的保压回路

利用液压泵的保压回路就是在保压过程中，液压泵仍以较高的压力（保压所需压力）工作。此时，若采用定量泵，则压力油几乎全经溢流阀流回油箱，系统功率损失大，易发热，故只在小功率的系统且保压时间较短的场合下才使用；若采用变量泵，在保压时泵的压力较高，但输出流量几乎等于零，因而液压系统的功率损失小，这种保压方法能随泄漏量的变化而自动调整输出流量，因而其效率也较高。

2. 利用蓄能器的保压回路

如图 5-34a 所示回路，当主换向阀在右位工作时，液压缸向前运动且压紧工件，进油路压力升高至调定值，压力继电器动作使电磁阀 Y1 通电，泵即卸荷，单向阀自动关闭，液压缸则由蓄能器保压。当缸压不足时，压力继电器复位使泵重新工作。其保压时间的长短取决于蓄能器的容量，调节压力继电器的工作区间即可调节缸中压力的最大值和最小值。

3. 自动补油保压回路

图 5-34b 所示的回路为采用液控单向阀和电接触式压力表的自动补油保压回路，其工作原理为：当 Y3 得电时，换向阀右位工作，液压缸无杆腔压力上升，当上升至电接触式压力表的上限值时，上触点接电，使电磁铁 Y3 失电，换向阀处于中位，液压泵卸荷，液压缸由液控单向阀保压。当液压缸上腔压力下降到预定下限值时，电接触式压力表又发出信号，使 Y3 得电，液压泵再次向系统供油，使压力上升。因此，这一回路能自动地使液压缸补充压力油，使其压力能长期保持在一定范围内。

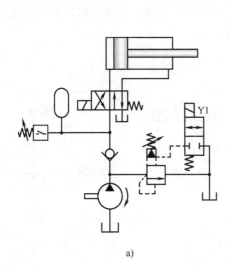

a)

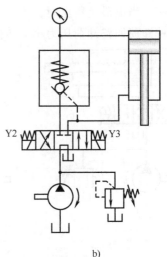

b)

图 5-34 保压回路

（六）平衡回路

平衡回路是为防止垂直或倾斜放置的液压缸及其工作部件在悬空停止期间因自重的作用而下滑或在下行运动中超速而使运动不稳定。平衡回路的工作原理就是在液压缸下行回路的回油路上安装一个能产生一定背压的液压元件，给液压缸下腔提供一定的压力，用以平衡自重。

图 5-35a 所示是一种顺序阀的平衡回路。当活塞下行时，由于顺序阀的存在，在回油路上存在一定的背压。只要使顺序阀的调整压力稍大于工作部件在液压缸下腔产生的压力，就可以使活塞平稳下落。这种回路在活塞向下快速运动时功率损失较大，锁住时，由于顺序阀的泄漏，活塞仍会缓慢下移，因而只适用于工作部件质量不大、活塞锁住时定位要求不高的场合。

对要求停止位置准确或停留时间较长的液压系统，可采用图

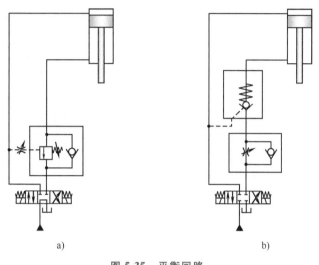

a)　　　　　　　　　b)

图 5-35　平衡回路

5-35b 所示的液控单向阀平衡回路，图中的单向节流阀不仅可以起到在液压缸活塞下行时使液压缸下腔形成背压以平衡自重的作用，还可以起到调速的作用。当换向阀处于中位时，液压缸上腔失压，液控单向阀迅速关闭，运动部件立即停止运动并锁紧。由于液控单向阀是锥面密封，这种回路泄漏极小，因此密封性能很好。

【知识拓展】

国产大飞机：C919

国产大飞机 C919（图 5-36）是我国首款按照国际通行适航标准自行研制、具有自主知识产权的喷气式中程干线客机。C919 的研制和制造标志着我国在航空领域实现了重大突破，这对于我国航空产业的发展具有重要的意义。

C919 客机属中短途商用机，总长 38m，翼展 35.8m，高 12m，其基本型布局为 168 座，标准航程为 4075km，最大航程为 5555km，巡航速度为 0.78 马赫，经济寿命达 9 万飞行小时。C919 大范围采用铝锂合金材料，以第三代复合材料、铝锂合金等为代表的先进材料总用量占飞机结构重量的 26.2%，大胆尝试了钛合金 3D 打印等"绿色"加工方法。由于大量采用复合材料，较国外同类型飞机 80 分贝的机舱噪声，C919 机舱内噪声可望降到 60 分贝以下。在减排方面，C919 是一款绿色排放、适应环保要求的先进飞机，通过环保的设计理念，有望将飞机碳排放量较同类飞机降低 50%。C919 综合采用了电传操纵和主动控制技术、综合航电技术、客舱综合设计技术、新一代超临界机翼气动力设计技术等多种先进技术，使得 C919 拥有较强的核心竞争力和市场优势。

C919 的起落架系统在飞机的安全起降过程中担负着极其重要的使命。在起落架系统中，气动技术对于起落架的收放发挥着重要的作用。

图 5-36　C919 大型客机

【项目实施】

1. 微课学习

溢流阀

减压阀

顺序阀

调压回路

减压回路

增压回路

卸荷回路

2. 回路元件分析

小组讨论，列出图 5-18 所示液压回路设计中所用的液压元件，写出名称、符号及作用。

序号	元件名称	图形符号	数量	作用
1				
2				
3				
4				
5				
6				
7				
8				

3. 液压回路仿真设计及分析

1）根据项目要求和选择的元件清单，补全液压回路，如图 5-37 所示，并用 Automation Studio 软件进行仿真。

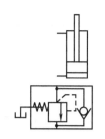

2）油路分析。分析图 5-18 所示回路液压缸伸出与缩回时油液的流动路线。

液压缸伸出时的进油路：

液压缸伸出时的回油路：

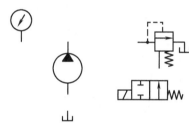

液压缸缩回时的进油路：

图 5-37　补全液压回路

液压缸缩回时的回油路：

3）填写图 5-18 所示回路电磁阀动作顺序表（表中"+"表示电磁阀通电，"−"表示电磁阀断电）。

工序动作	Y1	Y2	Y3
伸出			
缩回			
停止			

4）溢流阀的常见用途有哪些？

5）请分析图 5-18 能否实现卸荷？如果能，怎么实现？

4. 项目评价

序号	检查内容	自我评分	小组评分	教师评分	备注
1	课前预习(10分)				
2	态度端正,学习认真(10分)				
3	能正确说出回路中各液压元件的名称(10分)				
4	能正确说出回路中各液压元件的作用(10分)				
5	搭建仿真回路能实现所需功能(20分)				
6	能正确写出进油路和回油路(20分)				
7	能说出溢流阀的常见用途(10分)				
8	能解释卸荷回路的工作原理(10分)				
合计	100分				
总分					

注：总分 = 自我评分×40% + 小组评分×25% + 教师评分×35%。

【思考与练习】

一、判断题

1. 溢流阀用作系统的限压保护、防止过载时，在系统正常工作时，该阀处于常闭状态。（　　）

2. 溢流阀通常接在液压泵出口的油路上，它的进口压力即系统压力。（　　）

3. 液压传动系统中，常用的压力控制阀是换向阀和节流阀。（　　）

4. 溢流阀的远程控制口只能用于系统卸荷。（　　）

5. 远程调压阀的调压回路中，只有溢流阀的调定压力高于远程调压阀的调定压力时，远程调压阀才能起调压作用。（　　）

6. 单向顺序阀也称为平衡阀，它用于锁定执行元件，防止由于自重或外力等原因使执行元件停留位置发生改变。（　　）

7. 先导式溢流阀的远程控制口可以使系统实现远程调压或使系统卸荷。（　　）

8. 串联了定值减压阀的支路，始终能获得低于系统压力调定值的稳定的工作压力。（　　）

9. 压力控制阀是利用作用在阀芯上油液压力和弹簧力相平衡的原理来工作的。（　　）

10. 溢流阀在系统中做安全阀时，调定的压力比做调压阀调定的压力大。（　　）

二、选择题

1. 溢流阀配合液压泵，溢出液压系统中多余的油液，使液压系统保持一定的（　　）。

A. 压力　　　　B. 流量　　　　C. 流向　　　　D. 清洁度

2. 有两个调整压力分别为5MPa和10MPa的溢流阀并联在液压泵的出口，泵的出口压力为（　　）。

A. 5MPa　　　　B. 10MPa　　　　C. 15MPa　　　　D. 7.5MPa

3. 要降低液压系统中某一部分的压力时，系统中可以配置（　　）。

A. 溢流阀　　　　B. 减压阀　　　　C. 节流阀　　　　D. 顺序阀

4. 在液压系统中，减压阀能够（　　）。

A. 控制油路的通断　　　　　　　　B. 使液压缸运动平稳

C. 保持进油口压力稳定　　　　　　D. 保持出油口压力稳定

5. 压力控制阀正常工作状态下，（　　）是处于常开状态的。

A. 溢流阀　　　　　B. 顺序阀　　　　　C. 减压阀　　　　　D. 节流阀

6. 将先导式溢流阀的远程控制口接回油箱，将会发生（　　）问题。

A. 没有溢流量　　　　　　　　　　B. 进口压力为无穷大

C. 进口压力随负荷增加而增加　　　D. 进口压力调不上去

7. 液压系统中的工作机构在短时间停止运行，可采用（　　）以达到节省动力损耗、减少液压系统发热、延长泵的使用寿命的目的。

A. 调压回路　　　　　B. 减压回路　　　　　C. 卸荷回路　　　　　D. 增压回路

8. 一级或多级调压回路的核心控制元件是（　　）。

A. 溢流阀　　　　　B. 减压阀　　　　　C. 压力继电器　　　　　D. 顺序阀

9. 当减压阀出口压力小于调定值时，（　　）起减压和稳压作用。

A. 仍能　　　　　B. 不能　　　　　C. 不一定能　　　　　D. 不减压但稳压

10. 平衡回路常采用（　　）做平衡阀。

A. 溢流阀　　　　　B. 单向顺序阀　　　　　C. 减压阀　　　　　D. 背压阀

11. 卸荷回路适用于系统执行元件（　　）停止工作的场合。

A. 短期　　　　　B. 长期　　　　　C. 中期　　　　　D. 以上全部

12. 以下属于压力控制回路的有（　　）。

A. 调压回路　　　　B. 减压回路　　　　C. 增压回路　　　　D. 卸荷回路　　　　E. 平衡回路

三、分析题

1. 溢流阀、减压阀和顺序阀各有什么作用？它们在原理、结构和图形符号上有何异同？

2. 若减压阀调压弹簧预调为 5MPa，而减压阀前的一次压力为 4MPa，试问经减压阀后的二次压力是多少？为什么？

3. 顺序阀是稳压阀还是液控开关？顺序阀工作时阀口是全开还是微开？溢流阀和减压阀呢？

4. 为什么高压大流量时溢流阀要采用先导式结构？

5. 卸荷回路的功用是什么？

6. 图 5-38 所示 3 个回路中各溢流阀的调定压力分别为①$p_{Y1} = 3MPa$，②$p_{Y2} = 2MPa$，③$p_{Y3} = 4MPa$。当外负荷无穷大时，泵的出口压力 p_p 各为多少？

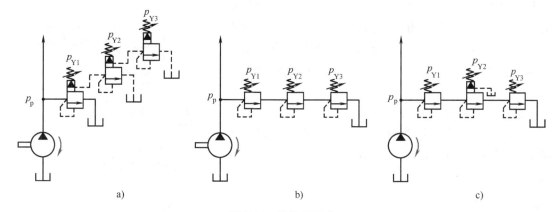

图 5-38　溢流阀回路

7. 如图 5-39 所示夹紧回路，若溢流阀的调定压力 $p_Y = 5MPa$，减压阀的调定压力 $p_J = 2.5MPa$，分析活塞快速运动时和工件夹紧后 A、B 两点的压力。

8. 如图 5-40 所示，顺序阀和溢流阀的调定压力分别为 3MPa 和 5MPa，则在下列三种情况下，A、B 两处的压力各为多少？

（1）液压缸运动时，负荷压力为 4MPa。

（2）液压缸运动时，负荷压力为 1MPa。

（3）活塞碰到缸盖时。

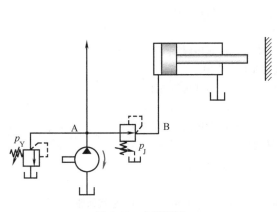

图 5-39　夹紧回路

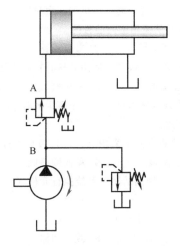

图 5-40　顺序阀和溢流阀回路

项目 5.3　金刚镗床流量控制回路的设计

【项目描述】

金刚镗床是以主轴高速旋转进行零件内孔光整加工的机床，在内燃机制造行业中普遍应用，主要用于连杆及其他零件内孔加工，特点是进给量很小，切削速度很高，因而加工的工件具有较高的尺寸精度（IT6），表面粗糙度值可达到 $Ra0.2\mu m$。金刚镗床由液压系统驱动拖板，拖板上方用于固定夹具，夹持工件实现进给运动。

液压缸带动拖板的进给工作循环为：快进、工进（切削加工）、快退。图 5-41 所示为金刚镗床的进给运动液压系统原理图。分析以上工艺动作的实现过程，并进行仿真设计。

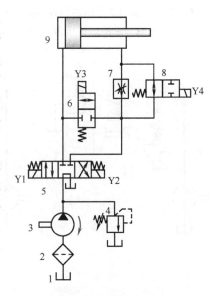

图 5-41　金刚镗床进给运动液压系统原理图

【项目要求】

➢ 掌握流量控制阀的符号、结构及功能。

➢ 分析调速回路、快速回路、速度换接回路等回路的功能特性与应用场合。

➢ 能设计简单的速度控制回路，并进行仿真调试。

【相关知识】

液压传动系统中能控制执行元件运动速度的回路称为速度控制回路，速度控制回路的核心元件是流量控制阀。

流量控制阀简称流量阀，它通过改变节流口的通流面积或通流通道的长短来改变局部阻力的大小，从而实现对流量的控制，进而改变执行机构的运动速度。常用的流量控制阀有节流阀和调速阀两种。

速度控制阀

一、节流阀

（一）节流阀的工作原理及结构

典型节流阀节流口通常有三种基本形式：薄壁小孔（$l/d \leqslant 0.5$）；细长小孔（$l/d > 4$）；短孔（$0.5 < l/d \leqslant 4$）。无论节流口采用何种形式，通过节流口的流量 q 及其前后压力差 Δp 的关系均可用节流口的流量特性方程来表示，即

$$q = CA(\Delta p)^m \tag{5-1}$$

式中　C——节流系数，由节流口形状、油液流动状态和油液黏度决定，具体数据由实验给出；

　　　A——节流口的通流面积；

　　　Δp——节流口前后压差；

　　　m——由节流口形状决定的指数，$0.5 \leqslant m \leqslant 1$（对薄壁孔口，$m = 0.5$；对细长孔口，$m = 1$；对短孔口 $m = 0.5 \sim 1$）。

由式（5-1）可知，在一定的压差 Δp 下，改变阀芯开口就可改变阀的通流面积 A，从而改变通过阀的流量 q。

图 5-42 所示为普通节流阀的结构和图形符号。图 5-42a 中节流阀的节流通道呈轴向三角槽式，压力油从进油口 P1 流入孔道 a 和阀芯 3，再从出油口 P2 流出。调节手柄 1，可使阀芯做轴向移动，以通过改变节流口的通流截面积来调节流量。

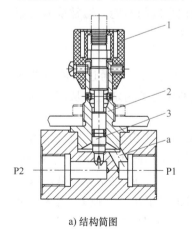

节流阀工作原理

a) 结构简图　　　　　　b) 图形符号　　　　　　c) 实物图

图 5-42　节流阀的结构及图形符号

1—调节手柄　2—阀体　3—阀芯

节流阀输出流量的平稳性与节流口的结构形式有关。节流口除轴向三角槽式外，还有偏心式、针阀式、周向缝隙式、轴向缝隙式等。

由于液压缸的负载常发生变化，节流阀开口一定时，通过阀口的流量 q 是变化的，执行元件的运动速度也就不平稳。节流阀流量 q 随其压差 Δp 变化的曲线称为流量特性曲线，如图 5-43 所示。

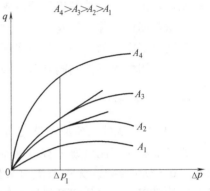

节流阀的节流口可能因油液中的杂质或油液氧化后析出的胶质、沥青等造成局部堵塞，这就改变了原来节流口通流面积的大小，使流量发生变化。因此节流口的抗堵塞性能也是影响流量稳定性的重要因素。节流通道越短、节流口直径越大，越不容易堵塞。节流阀有一个能正常工作的最小流量的限定值，称为最小稳定流量。薄壁小孔的最小稳定流量可低至 $10 \sim 15\text{mL/min}$，一般流量控制阀的最小稳定流量为 50mL/min。

图 5-43　不同开口时节流阀的
流量特性曲线

节流阀结构简单、制造容易、体积小、使用方便、造价低，但负载和温度的变化对流量稳定性的影响较大，因此只适用于负载和温度变化不大或速度稳定性要求不高的液压系统。

（二）节流阀的应用

（1）节流调速作用　调速原理将在速度控制回路部分详细介绍。

（2）负载阻尼作用　对某些液压系统，通流量是一定的，改变节流阀开口面积将改变液体流动的阻力（即液阻），节流口通流面积越小，液阻越大。

（3）压力缓冲作用　在液流压力容易发生突变的地方安装节流元件可延缓压力突变对后续液压元件的影响，起保护作用。

二、调速阀

普通节流阀在节流开口一定的条件下通过它的工作流量受工作负载（即其出口压力）变化的影响，不能保持执行元件运动速度的稳定。为了改善调速系统的性能，通常采取措施使节流阀前后压力差在负载变化时始终保持不变，即构成调速阀。

（一）调速阀的工作原理及结构

调速阀是由定差减压阀和节流阀串联而成的组合阀。节流阀用来调节通过节流口的流量，定差减压阀则自动补偿负载变化的影响，保证节流阀两端的压力差为定值，从而消除了负载变化对流量的影响。

调速阀的工作原理如图 5-44 所示。通过定差减压阀的油液进口压力为 p_1，出口压力为 p_2，通过节流阀后降为 p_3，并进入执行元件。当负载变化时，则 p_3 和调速阀两端压差 p_1-p_3 随之变化，但节流阀两端压差 p_2-p_3 却不变，这是因为当负载增大时，p_3 也增大，减压阀右侧弹簧腔油液压力增大，阀芯左移，减压阀口开度 x 加大，减压作用减小，使 p_2 增大，从而使压差 p_2-p_3 保持不变。同理，负载减小时，节流阀出口压力 p_3 随之变小，阀芯右移，阻尼增大，出口压力 p_2 变小。因此，通过调速阀的流量恒定，可见调速阀的流量特性比普通节流阀要好。

调速阀、节流阀的流量特性曲线如图 5-45 所示。由图可知，通过节流阀的流量随其进出油口压差发生变化，而调速阀的特性曲线基本上是一条水平线，即进出油口压差发生变化，但通过调速阀的流量基本不变。

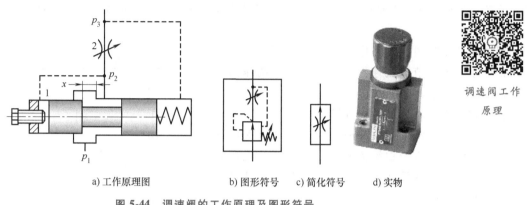

a) 工作原理图　　b) 图形符号　c) 简化符号　d) 实物

调速阀工作原理

图 5-44　调速阀的工作原理及图形符号

1—减压阀　2—节流阀

（二）调速阀的应用

调速阀适用于负载变化较大、速度平稳性要求较高的液压系统，如各种组合机床、车床、铣床等设备的液压系统。

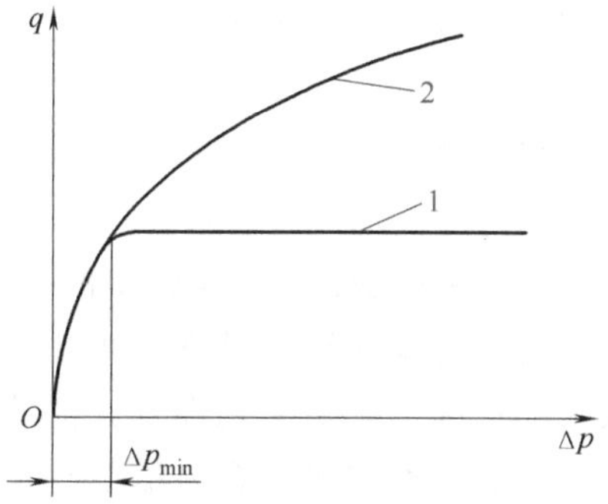

三、速度控制回路

速度控制回路的功用是对液压系统中执行元件的速度进行调节和控制，包括调速回路、快速回路和速度换接回路等。

（一）调速回路

调速回路的功用是调节执行元件的运动速度。许多液压设备中要求执行元件的运动速度是可调节的，如组合机床中的动力滑台有快进与工进动作，甚至有几个不同的工进速度。

图 5-45　调速阀和节流阀的流量特性曲线

1—调速阀　2—节流阀

假设进入液压缸或液压马达的流量为 q_v，液压缸进油腔的有效工作面积为 A，液压马达的排量为 V_M，则液压缸的运动速度为

$$v = \frac{q_v}{A} \tag{5-2}$$

液压马达的转速为

$$\omega = \frac{q_v}{V_M} \tag{5-3}$$

由上述公式分析可知，对于液压缸和定量液压马达，改变速度的方法只有改变流量。对于变量液压马达，既可通过改变流量又可通过改变自身排量来调节速度。因此，液压系统的调速方法分为节流调速、容积调速和容积节流调速三种形式。

1. 节流调速回路

节流调速回路主要由定量泵、流量控制阀、溢流阀和执行机构组成。回路中采用定量泵供油，通过改变流量控制阀的通流面积来调节进入液压缸的流量，从而实现执行元件运动速度的调节。节流调速回路结构简单、成本低、使用维护方便，但能量损失大、效率低，故一般用于小功率场合。

根据流量控制阀在油路中安装位置的不同，节流调速回路可分为进油节流调速回路、回油节流调速回路和旁路节流调速回路。

（1）进油节流调速回路 如图 5-46 所示，节流阀安装在执行元件的进油油路上，故称其为进油节流调速回路。液压泵的供油压力由溢流阀调定，调节节流阀阀口的大小便能控制进入液压缸的流量，多余的油液经溢流阀溢流回油箱，从而达到调速的目的。

进油节流调速回路适用于轻载、低速、负载变化不大和对速度稳定性要求不高的小功率液压系统，如车床、镗床、钻床、组合机床等机床的进给运动和一些辅助运动。

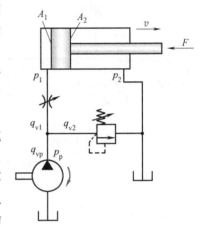

图 5-46　进油节流调速回路

（2）回油节流调速回路 如图 5-47 所示，节流阀安装在执行元件的回油油路上，定量泵的供油压力由溢流阀调定，液压缸的速度靠调节节流阀开口大小来控制，定量泵输出的多余流量经溢流阀流回油箱，系统压力基本保持稳定。

与进油节流调速回路相比，它有以下优点：回路有较大的背压，运动平稳性好；油液通过节流阀，因压降而发热后直流油箱，容易散热；广泛用于功率不大、负载变化较大或平稳性要求较高的液压系统中。

进油节流调速回路与回油节流调速回路的区别如下：

1）承受负载能力。回油节流调速回路的节流阀能使液压缸回油腔形成一定的背压，在负值负载时，背压能阻止工作部件的前冲，即能在负值负载下工作；而进油节流调速回路由于回油腔没有背压，因而不能在负值负载下工作。

2）停车后的起动性能。长期停车后，液压缸油腔内的油液流回油箱，当液压泵重新向液压缸供油时，在回油节流调速回路中，由于进油路没有节流阀控制流量，

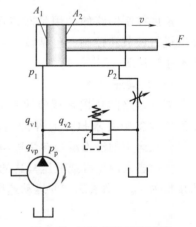

图 5-47　回油节流调速回路

即使回油路上的节流阀关得很小，也会使活塞前冲；而进油节流调速回路中，由于进油路上有节流阀控制流量，故活塞运动平稳。

3）实现压力控制的方便性。进油节流调速回路中，进油腔的压力将随负载而变化，当工作部件碰到死挡块停止后，其压力升到溢流阀的调定压力，利用这一压力变化可方便实现压力控制；而回油节流调速回路则很少利用这一压力变化来实现压力控制。

4）发热及泄漏的影响。进油节流调速回路中，经过节流阀发热后的液压油直接进入液

压缸进油腔；在回油节流调速回路中，经节流阀发热后的液压油流回油箱冷却，因此发热及泄漏对进油回路影响大。

5）运动平稳性。回油节流调速回路有较大的背压，运动平稳性好。

（3）**旁路节流调速回路** 如图 5-48 所示，将节流阀装在液压缸进油路的分支油路上，节流阀分流了液压泵的流量，从而控制了进入液压缸的流量。调节节流阀的通流面积，即可实现调速。由于溢流已由节流阀承担，故溢流阀实际是安全阀，常态时关闭，过载时打开，其设定压力为最大工作压力的 1.1~1.2 倍。

由于旁路节流调速回路在高速、重载下工作时，功率大、效率高，因此适用于动力较大、速度较高而速度稳定性要求不高且调速范围小的液压系统中，如牛头刨床的主运动传动系统、锯床进给系统等。

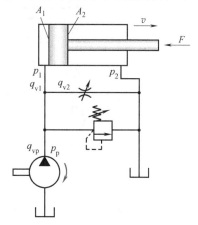

图 5-48　旁路节流调速回路

（4）**采用换向阀的节流调速回路** 采用换向阀的节流调速回路是靠控制换向阀的开度来实现节流调速的。在车辆和工程机械中很少采用节流阀或调速阀调速，而是通过控制手动换向阀或先导控制换向阀进行节流调速。

手动换向阀直接用操纵杆来推动滑阀移动，劳动强度较大、速度微调性能差，但结构简单，常用于中小型液压机械。先导控制换向阀在目前的大型工程机械中得到越来越广泛的应用，多采用节流式先导控制或减压阀式先导控制的多路换向阀进行换向和调速，其操纵省力、方便实用。

2. 容积调速回路

容积调速回路是通过改变回路中变量泵或变量马达的排量来调节执行元件的运动速度的。在该回路中，液压泵输出的油液直接进入执行元件，没有节流损失和溢流损失，而且泵的出口压力随负载变化而变化，因此效率高，发热小。为了提高调速效率，在大功率液压系统中，如大型机床、工程机械、矿山机械和农业机械等，普遍采用容积调速。

容积调速回路按油液循环方式不同可分为开式回路和闭式回路。在开式回路中，液压泵从油箱吸油后输入执行元件，执行元件排出的油液直接返回油箱，因此油液能得到较好冷却，但空气和污物容易侵入回路，影响其正常工作。在闭式回路中，泵的吸油口与执行元件的回油口直接相连，油液在回路内封闭循环，不通过油箱。这种回路结构紧凑，减小了空气侵入的可能性，缺点是散热条件差。为了补偿回路中的泄漏和执行元件进油腔与回油腔之间的流量差，通常需要设置补油泵，补油泵的流量一般为主液压泵流量的 10%~15%，压力通常为 0.3~1.0MPa。

根据液压泵和液压马达（或液压缸）的组合方式不同，容积调速回路有三种形式：变量泵-定量执行元件容积调速回路、定量泵-变量马达容积调速回路和变量泵-变量马达容积调速回路。

（1）**变量泵-定量执行元件容积调速回路** 图 5-49a 所示为变量泵和液压缸组成的容积调速回路，执行元件为液压缸，是开式回路；图 5-49b 为变量泵和定量马达组成的容积调速回路，是闭式回路。溢流阀 2 和 10 起安全阀的作用，限制回路中的最大压力。图 5-49b 中补油泵 7 用于补偿变量泵和液压马达的泄漏，还可以置换发热液压油，降低系统温升。溢流阀 12 用来调节补油泵的工作压力。

在图 5-49b 中，调节变量泵 9 的流量，即可对定量马达的转速进行调节。当负载转矩恒定时，定量马达的输出转矩和回路工作压力都恒定不变，故此调速方式称为恒转矩调速。

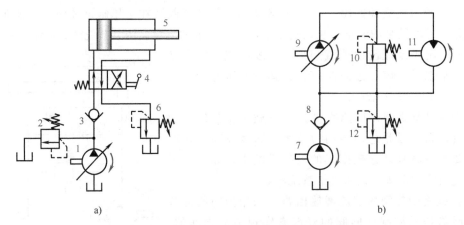

a)   b)

图 5-49　变量泵-定量执行元件容积调速回路

1、9—变量泵　2、6、10、12—溢流阀　3、8—单向阀　4—换向阀　5—液压缸　7—补油泵　11—定量马达

（2）定量泵-变量马达容积调速回路　图 5-50 所示为定量泵和变量马达组成的容积调速回路。定量泵 3 输出恒定流量，调节变量马达 5 的排量便可改变其转速。当负载不变时，回路的工作压力和变量马达的输出功率都恒定不变，所以这种回路又称为恒功率调速回路。这种调速回路的调速范围很小，这是因为如果液压马达的排量调节得过小，会使其输出转矩降至很低，以致带不动负载，使其高转速受到限制，又由于变量马达和定量泵的泄漏使其在低速时承载能力差，故其转速不能太低。

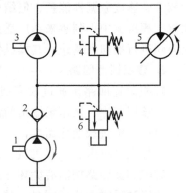

图 5-50　定量泵-变量马达
容积调速回路

1—补油泵　2—单向阀　3—定量泵
4—安全阀　5—变量马达　6—溢流阀

（3）变量泵-变量马达容积调速回路　图 5-51 所示为变量泵和变量马达组成的容积调速回路。改变双向变量泵 1 的供油方向，可使双向变量马达 2 正向或反向转换。补油泵 4 通过单向阀 6 和 8 实现向系统双向泄漏补油，单向阀 7 和 9 使安全阀 3 在两个方向上都起到安全作用。这种回路实际上是上述两种回路的组合，双向变量马达转速的调节可以分成低速和高速两段进行。一般执行元件都要求起动时具有较低的转速和较大的起动转矩，而在正常工作时具有较高的转速和较小的输出转矩。因此，使用这种回路时，在低速段，可将双向变量马达的排量调到最大，使双向变量马达能够获得最大的输出转矩，然后通过调节双向变量泵的输出流量来调节双向变量马达的转速。随着转速升高，双向变量马达的输出功率也随之增大。在此过程中，双向变量马达的转矩保持不变，这一段是变量泵和定量马达容积调速方式。在高速段，使双向变量泵处于最大排量状态，然后通过调节双向变量马达的排量来调节双向变量马达的转速，随着双向变量马达转速的升高，输出转矩随之降低，双向变量马达的输出功率保持不变，

这一段是定量泵和变量马达容积调速方式。

这种回路调速范围大、效率高、速度稳定性好，常用于龙门刨床的主运动和铣床的进给运动等大功率液压系统。

3. 容积节流调速回路

容积节流调速回路采用压力补偿型变量泵，用流量控制阀调定进入液压缸或流出液压缸的流量来调节液压缸的运动速度，并使变量泵的输油量自动地与液压缸所需的流量相适应。这种调速回路没有溢流损失且效率高，速度稳定性也比单纯的容积调速回路好，常用在速度范围大、中小功率的场合，如组合机床的进给系统等。

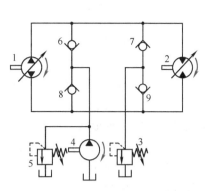

图 5-51　变量泵-变量马达容积调速回路

1—变量泵　2—变量马达　3—安全阀
4—补油泵　5—溢流阀
6、7、8、9—单向阀

图 5-52 所示为限压变量泵-调速阀式容积节流调速回路。该系统由限压式变量泵 1 供油，压力油经调速阀 3 进入液压缸工作腔，回油经溢流阀 2 返回油箱，液压缸的运动速度由调速阀中节流阀的通流面积 A 来控制。设定泵的流量为 q_p，则稳态工作时 $q_p = q_1$；在关小调速阀的一瞬间，q_1 减小，而此时液压泵的输油量还未来得及改变，于时出现 $q_p > q_1$，因回油路中没有溢流，多余的油液使泵和调速阀间的油路压力 p_p 上升，从而使限压式变量泵的输出流量减少，直至 $q_p = q_1$；反之，$q_p < q_1$，p_p 减小，流量 q_p 增大，直至 $q_p = q_1$。由此可见，调速阀不仅能保证进入液压缸的流量稳定，而且可以使泵的供油量自动地与液压缸所需流量相适应，因而也可使泵的供油压力基本恒定，该调速回路也称为定压式容积节流调速回路。这种回路中的调速阀也可装在回油路上，它的承载能力、运动平稳性、速度刚度等与对应的节流调速回路相同。

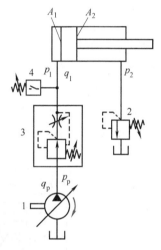

图 5-52　限压变量泵-调速阀式
容积节流调速回路

1—变量泵　2—溢流阀　3—调
速阀　4—压力继电器

4. 调速回路的选用

调速回路的选用主要考虑以下问题。

（1）**执行机构的负载性质、运动速度、速度稳定性等要求**　负载小且工作中负载变化也小的系统，可采用节流阀进行节流调速。工作中负载变化较大且要求低速稳定性好的系统，宜采用调速阀的节流调速或容积节流调速。负载大、运动速度高、油的温升要求小的系统，宜采用容积调速回路。

一般来说，功率在 3kW 以下的液压系统宜采用节流调速回路；功率在 3~5kW 范围内宜采用容积节流调速回路；功率在 5kW 以上宜采用容积调速回路。

（2）**工作环境要求**　处于温度较高的环境下工作且要求整个液压装置体积小、质量轻的情况，宜采用闭式回路的容积调速。

（3）**经济性要求**　节流调速回路的成本低，功率损失大，效率也低。容积调速回路因变量泵、变量马达的结构较复杂，所以价钱高，但其效率高、功率损失小。而容积节流调速回路则介于两者之间，所以需综合分析后选用。

（二）快速回路

快速回路又叫增速回路，其功能是加快液压执行元件在空载或轻载运行时的速度，以提高系统的工作效率或充分利用功率。常用的快速回路有以下几种。

1. 液压缸差动连接的快速回路

对单杆活塞式液压缸，将缸的两个油口连通，就形成了差动回路，图 5-53 所示的回路是差动回路的一种形式。换向阀 2 左位时，活塞向右运动，空行程负载小，液压缸 4 右腔排出的液压油经单向阀 1 进入液压缸无杆腔，形成差动回路。当活塞杆碰到工件时，左腔压力升高，外控顺序阀 3 开启，液压缸右腔油液排回到油箱，自动转入工作行程。此情况属压力信号控制动作换接。

该回路结构简单，易于实现，应用普遍，增速约两倍左右，在组合机床中常与变量泵联合使用。

2. 蓄能器和液压泵同时供油的快速回路

图 5-54 所示为采用蓄能器辅助供油来实现快速运动的回路。在这种回路中，当换向阀 5 处于左位或者右位时，液压泵 1 和蓄能器 4 同时向液压缸 6 供油，使液压缸获得大的流量而快速运动。当换向阀 5 处于中位时，液压泵通过单向阀 3 向蓄能器 4 补油，随着蓄能器中油量的增加，蓄能器的压力升高，当达到液控顺序阀 2 的调定压力时，液压泵卸荷。

这种回路适用于短时间内需要大流量的场合，并可以用小流量液压泵使执行元件获得较大的运动速度。在使用这种回路时，需要注意在一个工作循环内，必须有足够的停歇时间使蓄能器中的液压油得到补充。

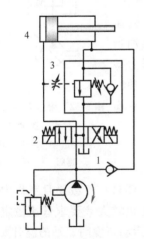

图 5-53　液压缸差动连接回路

1—单向阀　2—三位四通电磁换向阀

3—顺序阀　4—液压缸

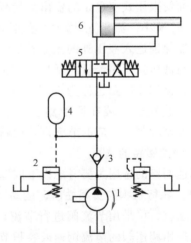

图 5-54　采用蓄能器的快速回路

1—液压泵　2—液控顺序阀　3—单向阀

4—蓄能器　5—换向阀　6—液压缸

3. 双泵供油快速回路

图 5-55 所示为双泵供油快速回路。2 为高压小流量泵，用于实现工作进给。1 为低压大流量泵，用于实现快速运动。在快速运动时，由液压泵 1 经单向阀 4 和液压泵 2 共同向系统供油。在工作进给时，系统压力升高，打开液控顺序阀（卸荷阀）3 使液压泵 1 卸荷，此时单向阀 4 关闭，由液压泵 2 单独向系统供油。系统的工作压力由溢流阀 5 调定，为保证系统

正常工作，必须使液控顺序阀3的调定压力小于溢流阀5的压力。

双泵供油快速回路功率利用合理、效率高，并且速度换接较平稳，适用于空载时需要大流量，而正常工作时只需要小流量的场合，在快、慢速度相差较大的机床中应用很广泛，其缺点是要用一个双联泵，油路系统也稍复杂。

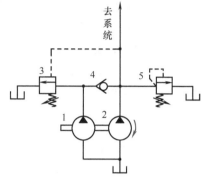

图 5-55　双泵供油快速回路
1、2—液压泵　3—顺序阀　4—单向阀　5—溢流阀

（三）速度换接回路

速度换接回路的功用是使液压执行元件在工作循环中从一种运动速度换接到另一种运动速度。例如，机床的二次进给工作循环为快进→第一次工进→第二次工进→快退，就存在着由快速转换为慢速（快进→第一次工进）和两个慢速（第一次工进→第二次工进）之间的换接。常用的速度换接回路有以下几种。

1. 快速与慢速换接回路

图 5-56 所示为采用行程阀实现快速与慢速换接的回路，图中所示位置液压缸右腔的回油可经行程阀5和换向阀3流回油箱，使活塞快速向右运动。当快速运动到达所需位置时，行程阀的阀口被压下关闭，这时液压缸右腔的回油必须经过调速阀6流回油箱，活塞运动转换为工作进给运动。当换向阀3的左位接入油路时，压力油可经换向阀左位和单向阀4进入液压缸右腔，使活塞快速退回。该回路速度的转换平稳，换接点的位置比较准确，较电磁阀可靠，但行程阀必须装在运动部件附近，管路连接比较复杂。

图 5-57 所示为用电磁阀控制的快慢速换接回路，当换向阀3、4位于左位时，来自液压泵1的高压油经换向阀3左位、换向阀4左位进入液压缸的左腔，活塞实现快进；遇到加工工件时，压力升高到压力继电器6的开启压力，阀4关闭，高压油则经调速阀5流入液压缸的左腔，活塞实现工进。这种方法安装连接比较方便，但是速度换接的平稳性、可靠性以及换向精度都比较差。

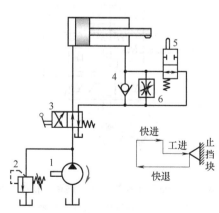

图 5-56　采用行程阀的速度换接回路
1—液压泵　2—溢流阀　3—换向阀　4—单向阀
5—行程阀　6—调速阀

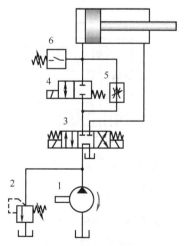

图 5-57　用电磁阀控制的快慢速换接回路
1—液压泵　2—溢流阀　3、4—换向阀
5—调速阀　6—压力继电器

2. 两种慢速工进的速度换接回路

图 5-58 所示为调速阀串联的二次工进速度换接回路，换向阀 3、4、7 接左位时，液压泵输出的压力油经调速阀 5、换向阀 7 进入液压缸，这时的流量由调速阀 5 控制。当需要第二种工作进给速度时，Y3 通电，阀 7 右位接入回路，则液压泵输出的压力油经调速阀 6，流量应由调速阀 6 控制。调速阀 6 的开口必须小于调速阀 5 的开口，否则调速阀 6 不起调速作用。在这种回路中，工进中调速阀 5 一直处于工作状态，它在速度换接时限制进入调速阀 6 的流量，因此这种回路的速度换接平稳性比较好。调速阀串联的二次工进速度换接回路电磁铁动作顺序见表 5-6。

表 5-6　调速阀串联的二次工进速度换接回路电磁铁动作顺序

工作循环	Y1	Y2	Y3	Y4
快进	+	−	−	−
一工进	+	−	−	+
二工进	+	−	+	+
快退	−	+	−	−
停止	−	−	−	−

注："+"为电磁阀通电，"−"为电磁阀断电。

图 5-59 所示为调速阀并联的二次工进速度换接回路，换向阀 3、4、7 接左位时，液压泵输出的压力油经调速阀 5 进入液压缸，这时的流量由调速阀 5 控制。当需要第二种工作进给速度时，Y3 通电，阀 7 右位接入回路，则液压泵输出的压力油经调速阀 6，流量应由调速阀 6 控制。这种回路两调速阀各自独立调节流量，互不影响，但一个调速阀工作时，另一个调速阀无油通过，其减压阀居最大开口位置，速度换接时大量液压油通过该处使执行元件突然向前冲，因此不宜用于在加工过程中实现速度换接，只能用于速度预选场合。调速阀并联的二次工进速度换接回路电磁铁动作顺序见表 5-7。

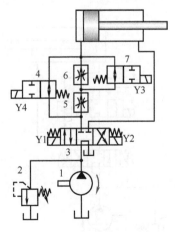

图 5-58　调速阀串联的二次
工进速度换接回路
1—液压泵　2—溢流阀　3、4、7—换
向阀　5、6—调速阀

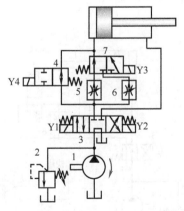

图 5-59　调速阀并联的二次工进速度换接回路
1—液压泵　2—溢流阀　3、4、7—换向阀
5、6—调速阀

表 5-7　调速阀并联的二次工进速度换接回路电磁铁动作顺序

工作循环	Y1	Y2	Y3	Y4
快进	+	−	−	−
一工进	+	−	−	+
二工进	+	−	+	+
快退	−	+	−	−
停止	−	−	−	−

注："+"为电磁阀通电，"−"为电磁阀断电。

【知识拓展】

C919 飞机建造过程中最重要的环节之一就是机身锻压，所用设备为机身锻压机，准确来说叫作大型模锻液压机。世界上目前已知的拥有 4 万 t 级别以上大型模锻液压机的国家只有中、美、俄、法四国。

由中国二重自主设计、制造、安装、调试以及自行使用的 8 万 t 模锻液压机（图 5-60），总高 42m，重约 2.2 万 t，单件重量在 75t 以上的零件 68 件，是当今世界最大、最先进的大型模锻液压机。

8 万 t 模锻液压机主要用于轻金属及其合金、镍基和铁基等高温合金的大型模锻件制造，可为我国航空、舰船、航天、兵器、电力工业、核工业行业

图 5-60　8 万 t 模锻液压机

提供高性能的模锻产品，满足了我国航空工业急需的大客机、先进战机对大型模锻件的需要。

【项目实施】

1. 微课学习

节流阀

调速阀

调速回路

快速回路

换接回路

单向节流
回路实训

速度换接
回路实训

2. 回路元件分析

小组讨论，列出图 5-41 所示液压回路中所用的液压元件，写出名称、符号及作用。

序号	元件名称	图形符号	数量	作用
1				
2				
3				
4				
5				
6				
7				
8				
9				

3. 液压回路仿真设计及分析

1）根据项目要求和选择的元件清单，补全液压回路，如图 5-61 所示，并用 Automation Studio 软件进行仿真。

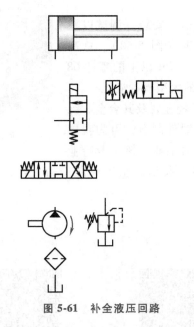

图 5-61 补全液压回路

2）油路分析。分析图 5-41 所示回路的工进与快退时油液的流动路线。

工进时的进油路：

工进时的回油路：

快退时的进油路：

快退时的回油路：

3）填写图 5-41 所示回路中电磁阀动作顺序表（表中 "+" 表示电磁阀通电，"-" 表示电磁阀断电）。

工序动作	Y1	Y2	Y3	Y4
快进				
工进				
快退				
停止				

4）试述图 5-41 所示回路的节流调速回路主要组成及分类。

5）请分析图 5-41 所示回路能否差动连接？如果能，怎么实现？

4. 项目评价

序号	检查内容	自我评分	小组评分	教师评分	备注
1	课前预习（10分）				
2	态度端正，学习认真（10分）				
3	能正确说出回路中各液压元件的名称（10分）				
4	能正确说出回路中各液压元件的作用（10分）				
5	搭建仿真回路能实现所需功能（20分）				
6	能正确写出进油路和回油路（20分）				
7	能说出节流调速的组成及分类（10分）				
8	能分析出差动连接（10分）				
合计	100分				
总分					

注：总分＝自我评分×40%＋小组评分×25%＋教师评分×35%。

【思考与练习】

一、判断题

1. 使用节流阀进行调速时，执行元件的运动速度不受负载变化的影响。（　　）

2. 流量控制阀有节流阀、调速阀、溢流阀等。（　　）

3. 流量控制阀都是利用油液的压力和弹簧力相平衡的原理来工作的。（　　）

4. 流量控制阀节流口采用薄壁口形式较好。（　　）

5. 进油节流调速和回油节流调速损失的功率都较大，效率都较低。（　　）

二、选择题

1. 在液压系统中，可用于液压执行元件速度控制的阀是（　　）。

A. 顺序阀　　　　　B. 节流阀　　　　　C. 溢流阀　　　　　D. 换向阀

2. 调速阀是一种组合阀，其组成是（　　）。

A. 节流阀与定值减压阀串联　　　　　B. 定差减压阀与节流阀并联

C. 定差减压阀与节流阀串联　　　　　D. 节流阀与单向阀并联

3. 流量控制阀是通过改变阀口的（　　）来调节阀的流量的。

A. 形状　　　　　B. 压力　　　　　C. 通流面积　　　　　D. 压力差

4. 与节流阀相比，调速阀的显著特点是（　　）。

A. 调节范围大　　　　　　　　　B. 结构简单，成本低

C. 流量稳定性好　　　　　　　　D. 最小压差的限制较小

5. 节流调速回路包括（　　）节流回路。

A. 进口　　　B. 出口　　　C. 旁路　　　D. 快速　　　E. 锁紧

6. 节流阀节流调速回路可采用（　　）代替节流阀改善速度平稳性。

A. 减压阀　　　　　B. 溢流阀　　　　　C. 顺序阀　　　　　D. 调速阀

7. 容积调速回路的形式有（　　）。

A. 变量泵与定量马达组合　　　　　B. 定量泵与变量马达组合

C. 变量泵与变量马达组合　　　　　D. 定量泵与定量马达组合

E. 变量泵与节流阀组合

8. 容积调速回路的优点是（　　）。

A. 无溢流损失　　　　　　　　　B. 无节流损失

C. 溢流损失小　　　　　　　　　D. 节流损失小

E. 效率高

9. 容积调速回路广泛应用于（　　）功率液压系统。

A. 小　　　　　B. 中　　　　　C. 大　　　　　D. 全部

10. 用蓄能器的快速回路适用于系统（　　）需要大流量的场合。

A. 短期　　　　　B. 长期　　　　　C. 中期　　　　　D. 以上全部

三、分析题

1. 进油和回油节流调速回路中的溢流阀与旁路节流调速回路中的溢流阀在用途上有什么差别？

2. 在节流调速系统中，如果调速阀的进、出油口接反了，将会出现何种情况？试根据调速阀的工作原理进行分析。

3. 溢流阀和节流阀都能作为背压阀使用，其差别是什么？

4. 说明图 5-62 所示容积调速回路中单向阀 A 和 B 的功用。

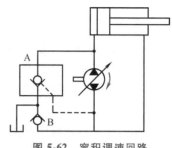

图 5-62　容积调速回路

5. 图 5-63 所示液压回路可以实现快进→工进→快退→停止的工作循环要求。

（1）说出图中标有序号的液压元件的名称。

（2）完成电磁铁动作顺序表。

工序动作	Y1	Y2	Y3
快进			
工进			
快退			
停止			

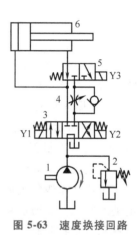

图 5-63　速度换接回路

项目 5.4　液压剪板机多缸顺序控制回路的设计

【项目描述】

剪板机用于剪切各种厚度的钢板材料，是机加工中应用较为广泛的一种剪切设备。其主要动作过程：开机→夹紧压块，刀具回到初始位置→送料→夹紧板料→剪切板料→装入成品料车→夹紧压块，刀具回到初始位置。

各个动作的工作及驱动过程：启动液压系统并升压到工作压力，夹紧压块，刀具回到初始位置；开动输料机，传送带开始输送料板，当料板送达规定长度时，料板压下送料到位限位开关时发出信号，送料机停止送料；压块下降夹紧板料，当压块下降压下夹紧到位限位开关时，压块停止下降；剪切刀具在剪切液压缸的驱动下下降并剪切板料，被剪切下的板料下落装入载料车；板料下落过程中压下载料限位开关时，发出信号，剪切刀具和压块分别上升回初始位置。此时完成一次自动工作循环，然后系统自动重复上述过程，实现剪板机工作过程的自动控制。

根据图 5-64 所示液压原理图，分析以上工艺动作实现过程，并进行仿真设计。

【项目要求】

➤ 掌握插装阀、比例阀的符号、结构及功能。

➤ 分析顺序、同步等多缸控制回路的功能特性与应用场合。

➤ 能设计简单的顺序回路。

【相关知识】

一、插装阀

插装阀又称插装式锥阀或逻辑阀，是一种较新型的液压控制阀。它的特点是通流能力大、密封性能好、动作灵敏、结构简单，在高压、大流量液压系统中得到了广泛应用。

（一）插装阀的工作原理

图 5-65 所示为二通插装阀的典型结构和图形符号，其由控制盖板 1、阀套 2、弹簧 3、阀

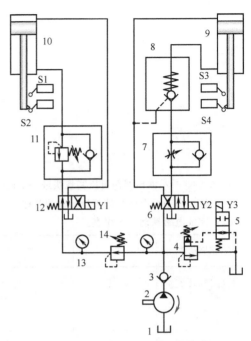

图 5-64　自动剪板机液压原理图

芯 4 和插装块体 5 等组成。图中阀套 2、弹簧 3、阀芯 4 及密封件组成的插装元件是二通插装阀主级或功率级的主体元件，其工作原理相当于液控单向阀。改变 K 口的压力即可影响 B 口的通断状态。二通插装阀通过不同的盖板与各种先导阀组合，便可构成方向控制阀、压力控制阀和流量控制阀。

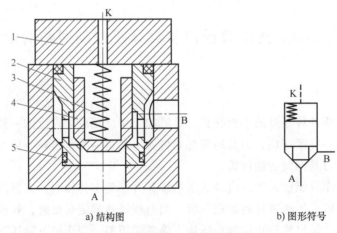

a) 结构图　　　　　　　　　　b) 图形符号

图 5-65　二通插装阀的结构及图形符号

1—控制盖板　2—阀套　3—弹簧　4—阀芯　5—插装块体

（二）插装阀的应用

图 5-66a 所示为用作单向阀。当 $p_B > p_A$ 时，阀芯开启，A 与 B 接通；当 $p_A > p_B$ 时，阀芯关闭，A 与 B 不通。

图 5-66b 所示为用作二位二通阀。当电磁阀断电时，阀芯开启，A 与 B 接通；电磁阀通电时，阀芯关闭，A 与 B 不通。

图 5-66c 中，如 B 接油箱，则插装阀用作溢流阀，其原理与先导式溢流阀相同；如 B 接负载，则插装阀起顺序阀作用。

图 5-66d 中，若二位二通电磁阀通电，则插装阀做卸荷阀用；若二位二通电磁阀断电，则插装阀做溢流阀或顺序阀用。

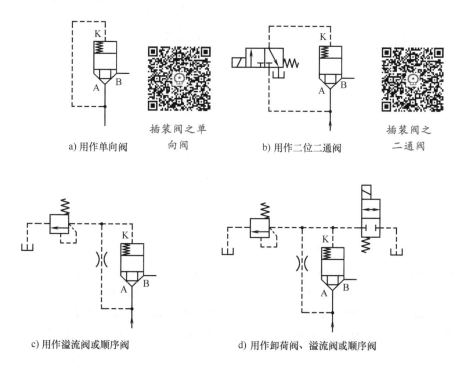

a) 用作单向阀　　　　　　　　　　b) 用作二位二通阀

c) 用作溢流阀或顺序阀　　　　　d) 用作卸荷阀、溢流阀或顺序阀

图 5-66　插装阀的应用

二、叠加阀

液压控制阀有很多种连接方式。管式连接和法兰式连接的阀，占用的空间大，拆装不便，现在很少使用，而板式连接和插装连接的阀则用得越来越多。板式连接的液压阀可以安装在集成块上，利用集成块上的孔道实现油路的连接。叠加阀是在板式液压阀集成化基础上发展起来的一种新型元件。将阀体做成标准尺寸的长方体，阀体本身既是元件又是具有油路通道的连接体，阀体的上、下两面做成连接面，使用时将所用的阀在底板上叠积，用螺栓紧固。这种连接方式从根本上消除了阀与阀之间的连接管路，组成的系统更简单紧凑，配置方便灵活，工作可靠。

图 5-67 所示为叠加阀的结构和图形符号。其中叠加阀 1 为溢流阀，它并联在 P 与 T 通道之间，叠加阀 2 为单向节流阀，两个单向节流阀分别串联在 A、B 通道上，叠加阀 3 为双液控单向阀，它们分别串联在 A、B 通道上，最上面是板式换向阀，最下面还有公共底板。

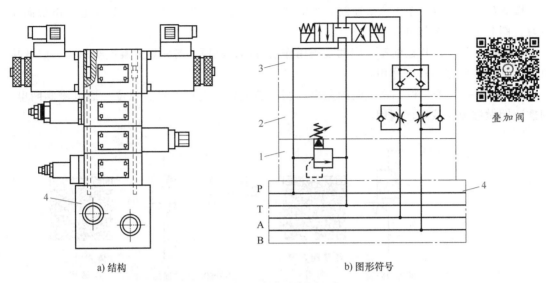

a) 结构   b) 图形符号

图 5-67   叠加阀的结构和图形符号

1—溢流阀   2—单向节流阀   3—双液控单向阀   4—底板

三、电液伺服阀

电液伺服阀是电液联合控制的多级伺服元件，它能将微弱的电气输入信号放大成大功率的液压能量输出，是一种比电液比例阀的精度更高、响应更快的液压阀，主要用于高速闭环液压控制系统。电液伺服阀价格较高，对过滤精度的要求也较高。

图 5-68 所示伺服比例换向阀带位移传感器，根据输入电信号提供方向控制和流量的无级调节。该阀通过高性能的比例电磁铁单边驱动阀芯动作，比例阀与集成放大器配合工作，

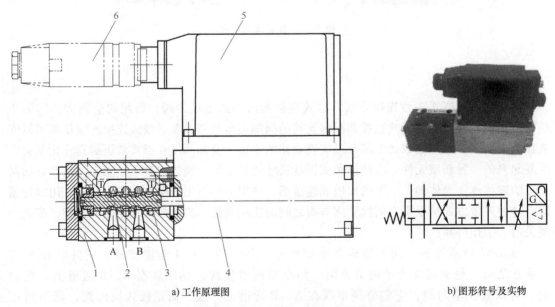

a) 工作原理图   b) 图形符号及实物

图 5-68   伺服比例换向阀的工作原理图及图形符号

1—阀体   2—阀芯   3—阀套   4—比例电磁铁   5—放大器   6—7芯插座

集成放大器对比例阀提供一适量电流信号，以校准阀的调整量，使之与供给集成放大器的输入信号相对应。

该阀主要由阀体1、阀芯2、阀套3、带位移反馈的比例电磁铁4和集成式内置放大器5组成。阀芯2可在阀套3内滑动。断电时，阀芯偏置一边或处于断电安全位置。通电时，根据输入电信号的大小，将阀芯由静止推向所需位置，实现油液从P至A、B至T或P至B、A至T的自由流动，通过阀口开度控制流量的大小。7芯插座6连接标准的7芯插头，常用于连接电源、模拟信号输入和检测信号。

四、比例阀

比例阀是一种按输入的电气信号连续地、按比例地对油液的压力、流量或方向进行远距离控制的阀。比例控制阀可以分为比例压力阀、比例流量阀和比例方向阀三类。

（一）比例阀的工作原理

图5-69所示为先导式比例溢流阀。该阀可以使系统压力随电气输入信号连续改变，系统压力极限由比例电磁铁2设定，与电流有关。来自系统的压力作用于主阀芯4，与此同时，经过装有节流孔5的先导阀1，作用于主阀芯4的弹簧加载侧，并作用在先导阀芯6上。如果系统压力升高到超过对应电磁铁力的设定值，则先导阀芯6打开。这时，先导油可以流回油箱，节流孔组产生作用在主阀芯4上的压降，使它从阀座上升起，并打开从液压泵到油箱的通路。

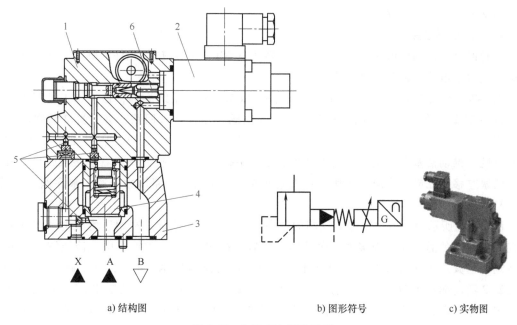

a) 结构图　　　　　　　　　b) 图形符号　　　　　c) 实物图

图 5-69　先导式比例溢流阀

1—先导阀　2—比例电磁铁　3—主阀体　4—主阀芯　5—节流孔　6—先导阀芯

（二）比例阀的特点

1）能实现自动控制、远程控制和程序控制。

2）能把电的快速、灵活等优点与液压传动功率大等特点结合起来。

3）能连续地、按比例地控制执行元件的力、速度和方向，并能防止压力或速度变化及换向时的冲击现象。

4）简化了系统，减少了元件的使用量。

5）制造简便，价格比伺服阀低廉，但比普通液压阀高。由于在输入信号与比例阀之间需设置直流比例放大器，相应增加了投资费用。

6）使用条件、保养和维护与普通液压阀相同，抗污染性能好。

7）具有优良的静态性能和适当的动态性能，动态性能虽比伺服阀低，但已经可以满足一般工业控制的要求。

五、多缸工作控制回路

在液压系统中，当用一个油源给多个液压执行元件输送压力油时，这些执行元件会因为压力与流量的相互影响而在动作上相互牵制。为使各缸完成预定的功能，需要采用一些特殊的回路才能实现。常见的多缸运动回路包括顺序回路、同步回路和互不干扰回路等。

（一）顺序回路

顺序回路是一种多执行元件控制回路，它的功能是使多个执行元件严格按照预定的顺序动作。这种回路在机械制造等行业的液压系统中得到了普遍应用。例如，自动车床中刀架的纵横向运动、夹紧机构的定位和夹紧等，都必须按固定的顺序动作。

常见的顺序回路按控制方式分为压力控制顺序回路和行程控制顺序回路，也有用延时阀或时间继电器延时实现顺序动作的。

1. 压力控制顺序回路

这种回路就是利用液压系统工作过程中压力的变化来控制执行元件的顺序动作，常用顺序阀和压力继电器来控制多缸动作顺序。

图 5-70a 所示为用顺序阀控制的顺序回路。以钻床液压系统为例，钻削加工过程为：夹紧工件→钻头进给→钻头退回→松开工件。换向阀 4 左位接入回路，夹紧缸 2 活塞向右运动，完成工件夹紧操作；工件夹紧后，回路压力升高，顺序阀 3 开启，压力油进入液压缸 1 的无杆腔，推动活塞向右运动，实现钻削加工；钻孔结束后，换向阀 4 右位接入回路，液压缸 1 活塞左移，完成钻头退回操作；钻头退回操作结束后，回路压力升高，顺序阀 5 打开，夹紧缸 2 退回原位。

图 5-70b 所示为用压力继电器控制的顺序回路，其工作原理是利用压力继电器控制电磁换向阀电磁铁的通、断电来实现顺序动作。按启动按钮，Y1 电磁铁得电，液压缸 1 活塞向右运动，当其运动到右端点后，回路压力升高，压力继电器 K1 动作，使电磁铁 Y3 通电，液压缸 2 活塞向右运动，当其运动到右端点后，按返回按钮，Y1、Y3 断电，Y4 通电，液压缸 2 退回左端点，回路压力升高，压力继电器 K2 动作，使电磁铁 Y2 通电，液压缸 1 活塞退回。

压力控制顺序动作回路中，顺序阀和压力继电器的调定压力应比前一动作执行元件的工作压力高 0.8~1MPa，否则前一动作尚未结束，下一动作往往在管路中压力冲击或波动下产生先动现象，有时会引起误动作，造成设备故障或人身事故。该回路适用于系统中执行元件数目不多、负载变换不动的场合。

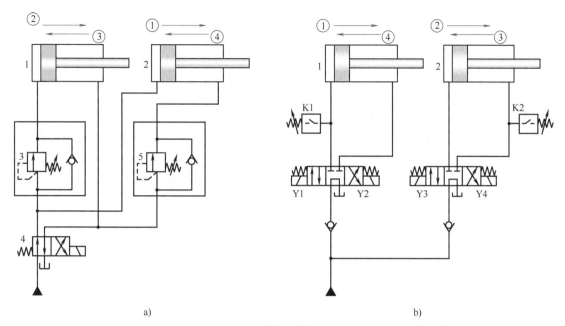

a)　　　　　　　　　　　　　　　　b)

图 5-70　压力控制顺序动作回路

1、2—液压缸　3、5—顺序阀　4—换向阀

2. 行程控制顺序动作回路

图 5-71a 所示为用行程阀控制的顺序动作回路。在初始状态下，液压缸 1、2 的活塞均处于左端。电磁换向阀 4 通电后，液压缸 1 活塞先向右运动，当活塞杆上的挡块压下行程阀 3 后，液压缸 2 活塞才向右运动；电磁换向阀 4 断电，液压缸 1 活塞退回，其挡块离开行程阀后，液压缸 2 退回。

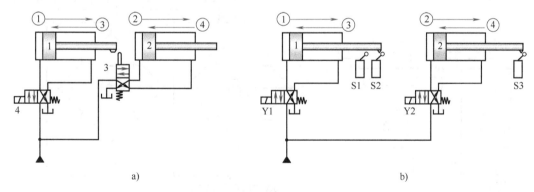

a)　　　　　　　　　　　　　　　　b)

图 5-71　行程控制的顺序回路

1、2—液压缸　3—行程阀　4—换向阀

这种回路的动作顺序①、②和③、④之间的转换，是依靠机械挡铁压放行程阀的阀芯使其位置变换实现的，因此动作可靠。其缺点是行程阀必须安装在液压缸附近，改变运动顺序比较困难。

图 5-71b 所示为用行程开关控制的顺序动作回路。按启动按钮，电磁铁 Y1 通电，完成动作顺序①；当活塞杆上的挡块触动行程开关 S2 时，使电磁铁 Y2 通电，液压缸 2 右行完成

动作顺序②；当液压缸2右行至触动行程开关S3时，使Y1断电，液压缸1返回，实现动作③后，触动 S1，使 Y2 断电，液压缸2返回，完成动作顺序④。

采用行程开关控制的顺序动作回路，调整行程大小和改变动作顺序都很方便，且可利用电气互锁使动作顺序可靠。

（二）多缸同步回路

在龙门式机床、剪板机、板料折弯机等设备中，要求两个以上液压缸同步动作，一般采用同步回路。在多缸液压系统中，影响同步精度的因素是很多的，例如，液压缸的外负载、泄漏、摩擦阻力、制造精度、结构弹性变形以及油液中含有气体，都会使运动不同步。同步回路要尽量克服或减少这些因素的影响。同步回路按同步工作原理分为节流型、容积型和复合型三种。

1. 节流型同步回路

节流型同步回路主要有调速阀同步回路、等量分流阀同步回路和伺服阀或比例阀同步回路。

等量分流阀是标准件，其结构简单，对负载适应能力强。等量分流阀同步回路的同步精度为 2%～5%。

图 5-72 所示为采用调速阀的同步回路。调节调速阀1和3，可使液压缸的运动速度相等。负载增加、压力升高时，导致缸的泄漏增加，并受油温变化以及调速阀性能差异等影响，同步精度为 5%～7%，同步调节困难。

采用伺服阀或比例阀，可不断消除不同步误差，精度高。伺服阀同步双缸绝对误差不超过 0.2～0.05mm。图 5-73 所示为采用比例调速阀的同步回路。两路均采用单向阀桥式整流，一路采用普通调速阀1，另一路采用比例调速阀2，利用放大了的两缸偏差信号控制比例调速阀，不断消除不同步误差，达到双向同步的目的，可使绝对误差小于 0.5mm。该回路费用低，使用维护方便。

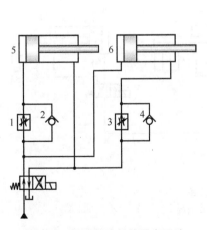

图 5-72　采用调速阀的同步回路

1、3—调速阀　2、4—单向阀　5、6—液压缸

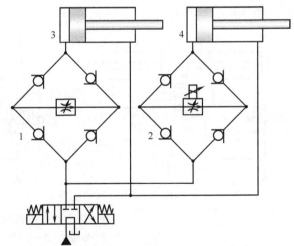

图 5-73　采用比例调速阀的同步回路

1—普通调速阀　2—比例调速阀　3、4—液压缸

2. 容积型同步回路

容积型同步回路采用等容积原理。常见的有串联缸同步、同步缸同步和等排量液压泵同步等。

图5-74所示为带补油装置的串联液压缸同步回路。液压缸5活塞下腔的有效作用面积与液压缸7活塞上腔的有效作用面积相等，两腔连通，流量相等，故两缸以相同速度运动。每次行程中产生的误差若不消除，会越来越大，而补偿装置使同步误差在每一次下行运动中都可消除。例如，换向阀2在左位工作时，缸下降，若液压缸7的活塞先运动到底，它就触动电气行程开关8，接通其控制的电磁铁Y2，压力油便通过换向阀3的右位，打开液控单向阀6的反向通道，液压缸5的下腔通过液控单向阀6回油，其活塞即可继续运动到底。若液压缸5的活塞先运动到底，它就触动电气行程开关4，接通其控制的电磁铁Y1，压力油便通过换向阀3的左位和液控单向阀6向液压缸7的上腔补油，推动活塞继续运动到底，误差即可消除。该回路结构简单，对偏载有自适应能力，但供油压力高、同步精度低，只适用于负载较小的液压系统，如常用于剪板机上。

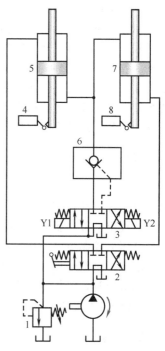

图5-74　带补油装置的串联
液压缸同步回路
1—溢流阀　2、3—换向阀
4、8—电气行程开关
5、7—液压缸　6—液控单向阀

（三）多执行元件互不干扰回路

多执行元件互不干扰回路的功用是防止因液压系统中的几个液压执行元件因速度快慢的不同而在动作上相互干扰。

图5-75所示为双泵供油多缸互不干扰回路，各缸可同时动作，分别完成"快进→工进→快退"的工作循环。高压小流量泵1（小泵）供给工进行程的压力油，低压大流量泵12（大泵）供给快进和回程时的压力油，任意一缸进入工进，

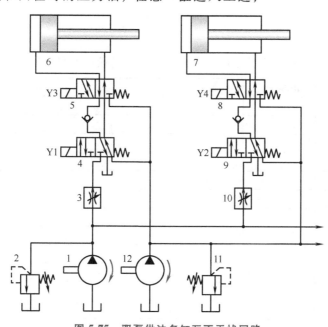

图5-75　双泵供油多缸互不干扰回路
1、12—泵　2、11—溢流阀　3、10—调速阀　4、5、8、9—换向阀　6、7—液压缸

则改由小泵供油，彼此互不干扰。图示状态各缸原位停止。当电磁铁 Y3、Y4 通电时，换向阀 5 和 8 左位工作，两缸都由大泵 12 供油做差动快进，此时小泵 1 供油在换向阀 4 和 9 处被堵截。如果液压缸 6 先完成快进，由行程开关控制使电磁铁 Y1 通电、Y3 断电，此时大泵 12 对液压缸 6 的进油路被切断，而小泵 1 的进油路打开，液压缸 6 由调速阀 3 调速做工进，液压缸 7 仍做快进，互不干扰。当各缸都转为工进后，全都由小泵 1 供油。此后，如果液压缸 6 又率先完成工进，行程开关控制应使电磁铁 Y1 和 Y3 都通电，液压缸 6 由大泵 12 供油快退。当各电磁铁都断电时，各缸皆停止运动，并被锁于所在位置上。

【知识拓展】

流体传动专家——路甬祥

路甬祥，流体传动与控制专家，长期从事流体传动及控制技术研究，在前人的基础上创造性地提出"系统流量检测力反馈""系统压力直接检测和反馈"等新原理，并应用于先导流量和压力控制器件，将此技术推进到一个新阶段，使大流量和高压领域内的稳态和动态控制精度获得量级性提高。路甬祥运用这些原理和机-电-液一体插装技术，推广应用于阀控、泵控和液压马达等控制，研究开发了一系列新型电液控制器件及工程系统。该技术被认为是 20 世纪 80 年代以来电液控制技术重大进展之一，被应用于我国许多工业部门。

【项目实施】

1. 微课学习

顺序阀顺序
回路

压力控制
顺序回路

多缸同步
回路实训

2. 回路元件分析

小组讨论，列出图 5-64 所示液压回路设计中所用的液压元件，写出名称、符号及作用。

序号	元件名称	图形符号	数量	作用
1				
2				
3				
4				
5				
6				
7				
8				
9				
10				
11				
12				
13				
14				

3. 液压回路仿真设计及分析

1）根据项目要求和选择的元件清单，补全液压回路，如图 5-76 所示，并用 Automation Studio 软件进行仿真。

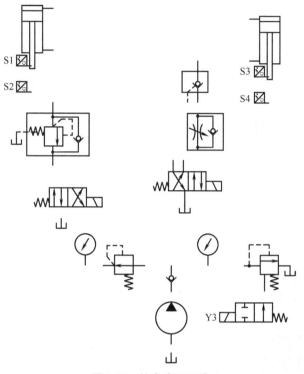

图 5-76　补全液压回路

2）油路分析。分析图 5-64 所示回路压紧液压缸与剪切液压缸下降时油液的流动路线。

压紧液压缸下降时的进油路：

压紧液压缸下降时的回油路：

剪切液压缸下降时的进油路：

剪切液压缸下降时的回油路：

3）填写图 5-64 所示回路电磁阀动作顺序表（表中"+"表示电磁阀通电，"-"表示电磁阀断电）。

工序动作	Y1	Y2	Y3
压紧液压缸下降			
剪切液压缸下降			
压紧液压缸上升			
剪切液压缸上升			
停止			

4）试述图 5-64 所示回路节流调速回路的主要组成及分类。

4. 项目评价

序号	检查内容	自我评分	小组评分	教师评分	备注
1	课前预习(10分)				
2	态度端正,学习认真(10分)				
3	能正确说出回路中各液压元件的名称(10分)				
4	能正确说出回路中各液压元件的作用(10分)				
5	搭建仿真回路能实现所需功能(20分)				
6	能正确写出进油路和回油路(30分)				
7	能说出节流调速回路的组成及分类(10分)				
合计	100 分				
总分					

注：总分＝自我评分×40％＋小组评分×25％＋教师评分×35％。

【思考与练习】

一、判断题

1. 常用的比例控制阀是采用传统的控制阀加比例电磁铁。（　　　）

2. 因电磁吸力有限，对液动力较大的大流量换向阀应选用液动换向阀或电液换向阀。（　　　）

二、选择题

1. 比例控制阀可按不同的方式进行分类，按控制功能不同可分为比例（　　　）。

A. 单向阀、节流阀、顺序阀　　　　　B. 压力阀、流量阀、方向阀

C. 减压阀、节流阀、换向阀　　　　　D. 溢流阀、节流阀、换向阀

2. 比例电磁阀是通过改变（　　　）的大小来控制液压阀阀芯的位置，从而实现对液压系统的连续控制。

A. 压力　　　　　B. 流量　　　　　C. 方向　　　　　D. 电流或电压

3. 电液比例方向阀是常用的比例阀，它能够调节液压油的（　　　）。

A. 压力和流量　　　B. 压力和方向　　　C. 流量和方向　　　D. 压力、流量和方向

4. 使用比例阀的液压系统与普通液压系统相比，其液压油（　　　）。

A. 完全一样　　　　B. 污染度要求高

C. 污染度要求低　　D. 黏度要求大

三、分析题

1. 背压阀的作用是什么？哪些阀可以作为背压阀？

2. 插装阀由哪几部分组成？与普通阀相比有什么优点？

3. 利用两个插装阀（逻辑阀）单元组合起来做主级，以适当的电磁换向阀做先导级，构成相当于二位三通的电液换向阀。

4. 利用四个逻辑阀单元组合起来做主级，以适当的电磁换向阀做先导级，分别构成相当于二位四通、三位四通的电液换向阀。

5. 如图 5-77 所示的顺序回路中，设两个液压缸的几何尺寸相同，活塞无杆腔有效工作面积为 $A = 25\text{cm}^2$，两缸负载分别为 $F_1 = 8000\text{N}$、$F_2 = 4000\text{N}$，溢流阀调定压力 $p_Y = 5\text{MPa}$。系统要求缸 1 先动，上升到顶端位置后缸 2 再向上运动，在缸 2 运动时，要求缸 1 保持在顶端位置。试确定顺序阀的调定压力。

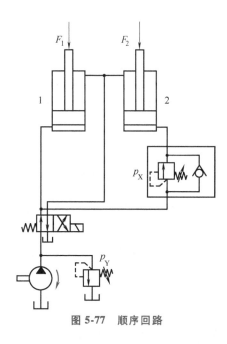

图 5-77　顺序回路

项目 5.5　液压动力滑台液压系统的分析与仿真

【项目描述】

机床动力滑台是组合机床上用来实现进给运动的通用部件，液压动力滑台由液压缸驱动，根据加工需要可在滑台上配置动力头、主轴箱或各种专用的切削头等工作部件，以完成钻、扩、铰、车、镗、倒角、攻螺纹等加工，并可实现多种进给工作循环。

动力滑台的典型工作循环为：快进→一次工进→二次工进→停留→快退→原位停止，其液压原理图如图 5-78 所示。分析以上工艺动作的实现过程，并进行仿真设计。

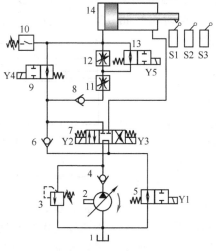

图 5-78　动力滑台液压原理图

【项目要求】

➢ 学习分析一般液压系统的方法。

➢ 培养学生液压系统的初步分析能力。

➢ 能设计较简单的液压系统回路，并进行仿真调试。

【相关知识】

一、识读液压系统图

液压传动系统是根据设备的工作要求，选用适当的基本回路构成的，其原理一般用液压原理图来表示。在液压原理图中，各个液压元件及其之间的连接与控制方式，均按标准图形符号或半结构式符号画出。实际的液压系统往往比较复杂，要读懂液压系统图，通常分下述几步骤进行。

1）了解主机工艺过程（或工作程序），将其作为分析液压系统工作原理的抓手。

2）初步浏览液压系统图，以执行元件为中心，将整个液压系统分成若干主回路（或子系统）；当液压源比较复杂时，将其单独化成一个单元，先弄清它是如何供液和卸荷的。

3）根据主机工作程序，分析相应的动作是由哪个执行元件完成的，相应的控制阀应如何控制，使液压泵的输出油液经过哪些管路和相应控制阀的通道，进入执行元件的进液腔，其排液腔的回液是经过哪些管路和相应的控制阀的通道回到油箱，以使执行元件完成相应的动作；不同类型的换向阀是怎样控制以使执行元件的进、回液通道畅通的。另外，如果该回路有压力控制阀或其他控制元件，它们的作用是什么，是如何进行控制的。简言之，就是弄懂执行元件是如何进液和回液的。

4）以同样的方法，分析每一液压回路的执行元件是如何动作的，其相应的动作对应主机的哪一个工作程序，不同的工作程序又是如何协调或连接的。

5）对于闭式系统，通常只有一条主回路和一条辅助补油回路，先分析辅助补油回路是如何工作的。另外，这一回路通常与主回路的热交换阀（通常为液控换向阀）相联系，并构成一个热交换回路。

二、动力滑台液压系统分析

（一）设备工艺过程分析

组合机床如图 5-79 所示，是由一些通用和专用零部件组合而成的专用机床，广泛应用于成批大量的生产中。动力滑台是组合机床上的主要通用部件，用来实现进给运动，只要配以不同用途的主轴头，即可实现钻、扩、铰、镗、铣、刮端面、倒角及攻螺纹等加工。动力滑台有机械滑台和液压滑台之分。液压动力滑台利用液压缸将液压泵所提供的液压能转变成滑台运动所需的机械能，它对液压系统性能的主要要求是速度换接平稳、进给速

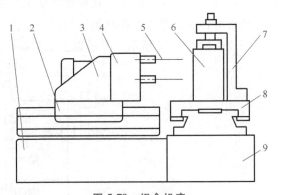

图 5-79 组合机床

1—床身 2—动力滑台 3—动力头 4—主轴箱
5—刀具 6—工件 7—夹具 8—工作台 9—底座

度稳定、功率利用合理、效率高、发热少。该设备的动作循环为：快进→一次工进→二次工进→停留→快退→原位停止。

（二）动力滑台液压系统的工作原理

图 5-80 所示为 YT4543 组合机床液压动力滑台液压原理图。系统中采用限压式变量叶片泵供油，液压缸快速运动采用差动连接，由电液换向阀换向，用行程阀、液控顺序阀实现快进与工进的转换，用二位二通电磁换向阀实现一工进和二工进之间的速度换接。为保证进给的尺寸精度，采用了死挡铁停留来限位。

1. 快进

按下启动按钮，电磁铁 Y1 通电，这时因负载较小，系统压力较低，顺序阀 7 处于关闭状态，系统主油路为：

进油路：油箱 1→过滤器 2→变量泵 3→单向阀 4→电液换向阀 5（左位）→行程阀 13→液压缸 15 左腔。

回油路：液压缸 15 右腔→电液换向阀 5（左位）→单向阀 8→行程阀 13→液压缸 15 左腔。

此时，快进的原因有二：一是因为动力滑台的载荷较小，系统中的压力较低，变量泵 3 输出流量增大；二是因为差动的原因，使活塞右腔的油液没有流回到油箱中，而是进入到活塞的左腔，增大了进入活塞左腔的流量，从而使活塞推动动力滑台快速前进，实现快进动作。

2. 第一次工作进给（一工进）

随着液压缸缸体的左移，行程阀 13 的阀芯被压下，行程阀上位工作，快进阶段结束，转为一工进。此时，电磁铁 Y1 继续得电，电液换向阀 5 仍在左位工作，电磁换向阀 11 的电磁铁处于断电状态。进油路必须经调速阀 9 进入液压缸左腔，与此同时，系统压力升高，将液控顺序阀 7 打开，单向阀 8 关闭，使液压缸实现差动连接的油路切断。回油经液控顺序阀 7 和背压阀 6（这里采用溢流阀）回到油箱。这时的系统主油路为：

进油路：油箱 1→过滤器 2→变量泵 3→单向阀 4→电液换向阀 5（左位）→调速阀 9→电磁换向阀 11（左位）→液压缸 15 左腔。

回油路：液压缸 15 右腔→电液换向阀 5（左位）→顺序阀 7→溢流阀 6→油箱 1。

变量泵 3 输出的流量随系统压力的升高而自动减少，工作进给速度大小由调速阀 9

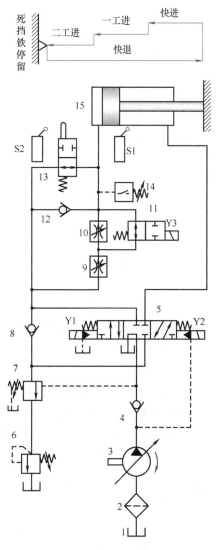

图 5-80 YT4543 组合机床液压动力滑台液压原理图

1—油箱 2—过滤器 3—变量泵 4、8、12—单向阀 5—电液换向阀 6—溢流阀 7—顺序阀 9、10—调速阀 11—电磁换向阀 13—行程阀 14—压力继电器 15—液压缸

调节。

3. 第二次工作进给（二工进）

在第一次工作进给结束时，滑台上的挡铁压下行程开关 S2，开关信号接入电路，使电磁铁 Y3 得电，电磁换向阀 11 右位工作，切断了该阀所在的支路，经调速阀 9 的油液必须经过调速阀 10 进入液压缸的左腔，其他油路不变。此时，动力滑台由一工进转为二工进。由于调速阀 10 的控制流量小于调速阀 9 的控制流量，进给速度进一步降低。该阶段进给速度由调速阀 10 调节。

4. 停留

当滑台工作进给完毕之后，碰上死挡铁的滑台不再前进，液压缸停止不动，同时，系统压力升高，当升高到压力继电器 14 的调整值时，压力继电器动作，开关信号接入电路，时间继电器开始计时，停留时间由时间继电器设定控制。

5. 快速退回

当滑台停留到时间继电器预定时间后，控制电磁铁 Y2 得电，Y1 和 Y3 均失电，系统主油路为：

进油路：油箱 1→过滤器 2→变量泵 3→单向阀 4→电液换向阀 5（右位）→液压缸 15 右腔。

回油路：液压缸 15 左腔→单向阀 12→电液换向阀 5（右位）→油箱 1。

滑台退回时负载小，系统压力较低，变量泵 3 输出的流量自动增大，从而实现快速退回。由于活塞杆的面积大约为活塞的一半，所以动力滑台快进、快退的速度大致相等。

6. 原位停止

当动力滑台退回到原始位置时，挡铁压下行程开关 S1，这时电磁铁 Y1、Y2、Y3 都失电，电液换向阀 5 处于中位，动力滑台原位停止。

（三）动力滑台液压系统的电磁铁动作

动力滑台液压系统的电磁铁动作顺序见表 5-8。

表 5-8 动力滑台液压系统电磁铁动作顺序

工序动作	Y1	Y2	Y3
快进	+	−	−
一工进	+	−	−
二工进	+	−	+
停留	+	−	+
快退	−	+	−
原位停止	−	−	−

注："+" 为电磁阀通电，"−" 为电磁阀断电。

（四）动力滑台液压系统特点

从以上分析可知，该系统主要采用了限压式变量泵和调速阀组成的容积节流调速回路、单杆活塞液压缸差动连接的增速回路、换向回路、卸荷回路、换速回路等，这些基本回路决定了系统的主要性能，其特点如下：

1）采用调速阀的进油节流调速回路，保证了稳定的低速进给运动，具有较好的速度刚性和较大的调速范围。

2）系统采用了限压式变量泵和液压缸的差动连接回路来实现快速运动，使能量的利用比较经济合理。动力滑台停止运动时，换向回路使液压泵在低压下卸荷，减少了能量损失。

3）系统采用行程开关实现一工进和二工进速度的换接，电气控制电路简单可靠，速度换向平稳。

4）采用行程阀和液控顺序阀，实现快进与工进速度的转换，使速度转换平稳、可靠且位置准确。

5）采用压力继电器发信号，控制滑台反向退回，方便可靠。采用死挡铁还能提高动力滑台工进结束时的位置精度。

三、Q2-8 型汽车起重机液压系统分析

（一）设备工艺过程分析

在汽车底盘上装上起重设备，完成吊装任务的汽车称为汽车起重机。汽车起重机广泛地在运输、建筑、装卸、矿山及筑路工地上应用，是一种行走式起重机。图 5-81 所示为 Q2-8 型汽车起重机外形简图。

Q2-8 型汽车起重机的最大起重量为 8t（幅度为 3m 时），最大起重高度为 11.5m，起重装置可连续回转，具有较高的行走速度，可与装运工具的车辆编队行驶。

它经常在有冲击、振动和高低温环境下工作，要求液压系统具有安全可靠性。又因负荷较大，要求输出力或转矩也较大，所以系统工作油压采用中高压。汽车起重机要求液压系统实现车身液压支撑、调平、稳定，吊臂变幅伸缩，升降重物及回转等作业。

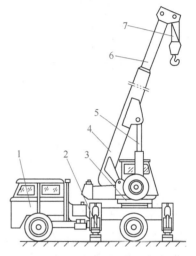

图 5-81　Q2-8 型汽车起重机外形简图
1—汽车　2—支腿　3—回转机构
4—基本臂　5—吊臂俯仰缸
6—吊臂伸缩缸　7—起升机构

汽车起重机起重时的动作顺序为：放下后支腿→放下前支腿→调整吊臂长度→调整吊臂起重角度→起吊→回转→落下载重→收前支腿→收后支腿→起吊作业结束。

（二）汽车起重机液压系统的工作原理

Q2-8 型汽车起重机液压系统的工作原理如图 5-82 所示。

该系统的油路分为两部分。伸缩变幅机构、回转机构和起升机构的工作回路组成一个串联系统；前后支腿和液压锁机构的工作回路组成一个串并联系统。整个系统由支腿收放、吊重回转、吊臂俯仰、吊臂伸缩、吊重起升五个工作回路组成。

1. 支腿收放回路

由于汽车轮胎的支撑能力有限，在起重作业时必须放下支腿，使汽车轮胎架空，汽车行驶时则必须收起支腿。前后各有两条支腿，每一条支腿配有一个液压缸。每一个液压缸上配有一个双向液压锁，以保证支腿可靠地锁住，防止在起重作业过程中发生"软腿"现象或行车过程中液压支腿自行下落。

操纵换向阀 3 处于右位、换向阀 5 处于左位时，前支腿放下，其油路为：

进油路：液压泵 1→过滤器 2→换向阀 3 右位→换向阀 5 左位→液压锁 7、8→前支腿液

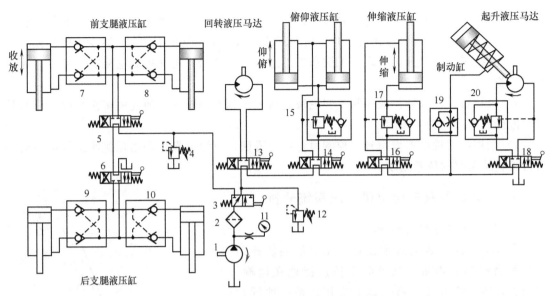

图 5-82　Q2-8 型汽车起重机液压系统的工作原理

1—液压泵　2—过滤器　3—二位三通手动换向阀　4、12—溢流阀　5、6、13、14、16、18—三位四通手动换向阀
7、8、9、10—双向液压锁　11—压力表　15、17、20—平衡阀　19—单向节流阀

压缸无杆腔。

回油路：前支腿液压缸有杆腔→液压锁 7、8→换向阀 5 左位→换向阀 6 中位→油箱。

操纵换向阀 3 处于右位，换向阀 5 处于右位时，前支腿收回，其油路为：

进油路：液压泵 1→过滤器 2→换向阀 3 右位→换向阀 5 右位→液压锁 7、8→前支腿液压缸有杆腔。

回油路：前支腿液压缸无杆腔→液压锁 7、8→换向阀 5 右位→换向阀 6 中位→油箱。

后支腿液压缸用换向阀 6 控制，其油路与前支腿的油路类似。

2. 吊重回转回路

回转机构采用一个大转矩液压马达驱动，操纵换向阀 3 处于左位，换向阀 13 处于左位或右位时，液压马达即可带动回转工作台做左右转动，实现吊重回转。由于其速度较低，惯性较小，一般不设缓冲装置。其油路为：

进油路：液压泵 1→过滤器 2→换向阀 3 左位→换向阀 13 左（右）位→回转液压马达。

回油路：回转液压马达→换向阀 13 左（右）位→换向阀 14 中位→换向阀 16 中位→换向阀 18 中位→油箱。

3. 吊臂俯仰回路

吊臂的俯仰动作由俯仰液压缸驱动，为了防止吊臂在停止阶段因自重而俯下，在油路中设置了平衡阀 15。操纵换向阀 3 处于左位，换向阀 14 处于左位时，吊臂仰起，其油路为：

进油路：液压泵 1→过滤器 2→换向阀 3 左位→换向阀 13 中位→换向阀 14 左位→平衡阀 15→俯仰液压缸无杆腔。

回油路：俯仰液压缸有杆腔→换向阀 14 左位→换向阀 16 中位→换向阀 18 中位→油箱。

操纵换向阀 3 处于左位，换向阀 14 处于右位时，吊臂俯下，其油路为：

进油路：液压泵 1→过滤器 2→换向阀 3 左位→换向阀 13 中位→换向阀 14 右位→俯仰

液压缸有杆腔。

回油路：俯仰液压缸无杆腔→平衡阀 15→换向阀 14 右位→换向阀 16 中位→换向阀 18 中位→油箱。

4. 吊臂伸缩回路

吊臂由基本臂与伸缩臂组成，伸缩臂套在基本臂内，由吊臂伸缩液压缸驱动进行伸缩运动。为使其伸缩运动平稳可靠，并防止在停止时因自重而下滑，在油路中设置了平衡阀 17。操纵换向阀 3 处于左位，换向阀 16 处于左位时，吊臂伸出，其油路为：

进油路：液压泵 1→过滤器 2→换向阀 3 左位→换向阀 13 中位→换向阀 14 中位→换向阀 16 左位→平衡阀 17→伸缩液压缸无杆腔。

回油路：伸缩液压缸有杆腔→换向阀 16 左位→换向阀 18 中位→油箱。

5. 吊重起升回路

吊重的升降由起升工作回路实现。吊重的起吊和落下作业由一个大转矩液压马达驱动卷扬机来完成。起升液压马达的正、反转由换向阀 18 控制。为防止重物因自重而下滑，回路中设置了常闭式制动器。当起升机构工作时，制动控制回路才能建立起压力使制动器打开；当起升机构不工作时，即使其他机构工作，制动控制回路也建立不起压力，保持制动。此外，在制动回路中还装有单向节流阀 19，其作用是使制动迅速，而松开缓慢。这样，当吊重停在半空中再次起升时，可避免液压马达因重力的作用而产生瞬时反转现象。

当起升吊重时，操纵换向阀 18 处于右位。来自液压泵 1 的油液经单向节流阀 19 进入制动缸，使制动器松开；同时，来油经换向阀 18 右位、平衡阀 20 进入起升液压马达。而回油经换向阀 18 右位流回油箱。于是，起升液压马达带动卷筒回转，使吊重上升。

当下降吊重时，操纵换向阀 18 处于左位。液压泵 1 的来油使起升液压马达反向转动，回油经平衡阀 20 和换向阀 18 左位流回油箱。这时制动缸仍通入压力油，制动器松开，于是吊重下降。由于平衡阀 20 的作用，吊重下落时不会出现失速状况。

【知识拓展】

精诚合作，成就中国天眼

赵静一，燕山大学教授、博士生导师、中国工程机械学会副理事长、特大型工程运输车辆分会理事长、液压技术分会副理事长，完成多项国家和企业委托项目。在国家重大科技基础设施 500m 口径球面射电望远镜（Five-hundred-meter Aperture Spherical radio Telescope，简称 FAST）工程中，赵静一教授及其带领的科研团队，开展了 FAST 的关键部件液压促动器的可靠性验证，与 FAST 机械部主研团队建立了长期稳定的合作关系。在 FAST 试运行之后，两团队又通力合作，申请并结题国家自然科学基金一项，完成中国科学院国家天文台委托试验项目 3 项，共同开展了 FAST 望远镜促动器可靠性增长、数据可视化、新方案设计与论证等工作，全力保障 FAST 望远镜的安全运行与可靠观测。图 5-83 所示为中国天眼。

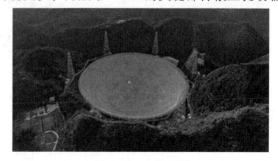

图 5-83　中国天眼

【项目实施】

1. 回路元件分析

小组讨论，列出图 5-78 所示液压回路设计中所用的液压元件，写出名称、符号及作用。

序号	元件名称	图形符号	数量	作用
1				
2				
3				
4				
5				
6				
7				
8				
9				
10				
11				
12				
13				
14				

2. 液压回路仿真设计及分析

1）根据项目要求和选择的元件清单，补全液压回路，如图 5-84 所示，并用 Automation Studio 软件进行仿真。

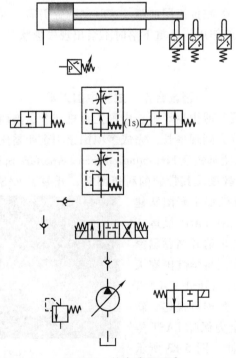

图 5-84　补全液压回路

2）图 5-78 所示回路分析。

快进的进油路：

快进的回油路：

一工进的进油路：

一工进的回油路：

3）填写图 5-78 所示回路的电磁阀动作顺序表（表中 "+" 表示电磁阀通电，"-" 表示电磁阀断电）。

工序动作	Y1	Y2	Y3	Y4	Y5
快进					
一工进					
二工进					
停留					
快退					
原位停止					

4）试述图 5-78 所示液压系统中用了哪些基本回路。

3. 项目评价

序号	检查内容	自我评分	小组评分	教师评分	备注
1	课前预习（10分）				
2	态度端正，学习认真（10分）				
3	能正确说出回路中各液压元件的名称（10分）				
4	能正确说出回路中各液压元件的作用（10分）				
5	搭建仿真回路能实现所需功能（20分）				
6	能正确写出进油路和回油路（20分）				
7	能说出系统的基本回路（10分）				
8	能分析出差速连接（10分）				
合计	100分				
总分					

注：总分＝自我评分×40%＋小组评分×25%＋教师评分×35%。

【思考与练习】

1. 怎样阅读、分析一个复杂的液压系统？

2. 图 5-85 所示为某组合机床动力滑台的液压系统，它能实现滑台快进→工进→死挡铁停留→快退→停止的工作循环。

（1）试列出电磁铁动作顺序表。

（2）阀 8、9、10、11、12、13 分别是什么阀？在系统中各起什么作用？

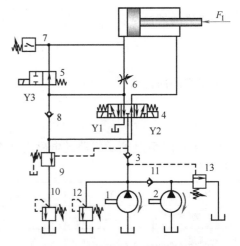

图 5-85 组合机床动力滑台液压系统

工序动作	Y1	Y2	Y3
快进			
工进			
停留			
快退			
停止			

液压系统设计实例

模块6

【模块导读】

　　液压系统是一种常见的动力传动系统，广泛应用于各个领域。液压系统设计是液压设备主机设计的重要组成部分，应从必要性、可行性和经济性等几个方面对机械、电气、液压和气动等传动形式进行全面比较和论证。决定采用液压系统后，液压系统设计和主机设计往往同时进行。进行液压系统设计计算是确保系统正常运行和满足工作要求的关键步骤，本模块将介绍液压系统设计计算的方法以及基本步骤，并通过具体的实例讲述液压系统的设计过程。

项目6　多轴钻孔组合机床液压系统的设计

【项目描述】

　　多轴钻孔组合机床是一种高效的机械加工设备，广泛应用于工业生产中。液压系统作为多轴钻孔组合机床的重要组成部分，主要用于控制机床的各个运动部分，包括主轴的上下和前后移动、工作台的升降、夹具的夹紧等。

　　多轴钻孔组合机床液压系统设计需要考虑多个因素，包括液压元件的选型、油路系统的设计、控制系统的配置等，还应考虑安全性、环保性、易维护性和成本控制等系列问题。

【项目要求】

> ➤ 掌握液压系统设计方案的确定和液压系统原理图的拟订方法。
> ➤ 掌握液压系统的设计步骤与设计要求。
> ➤ 掌握液压系统主要参数的计算与元件的选择方法。

【相关知识】

一、液压系统的设计步骤

液压系统的设计是整台机器设计的一部分，它除了应满足主机动作循环和静、动态性能等方面的要求外，还应当满足结构简单、工作安全可靠、效率高、经济性好、使用维护方便等条件。

在设计液压系统前，设计人员应在掌握液压传动基本知识、液压元件的工作原理和液压基本回路的基础上，进行广泛深入的调查研究，了解并掌握主机对液压系统的要求，并与机械设计、气动设计和电气设计等相关设计人员充分交流，紧密配合；要对国内外同类液压系统进行对比分析，探索采用新技术、新产品的可能性。一般情况下，液压系统设计的内容和步骤如下：

1）明确设计要求，进行工况分析。

2）确定液压系统的主要参数。

3）拟订液压系统原理图。

4）设计或选择液压元件。

5）验算液压系统的性能。

6）绘制工作图及编写技术文件。

进行液压系统的设计时，根据系统的繁简、借鉴的资料多少和设计人员经验的不同，上述设计内容和步骤可能会有所不同，有时各部分内容和步骤之间还会交叉进行，甚至要经过多次反复才能完成。下面对液压系统的设计内容及步骤予以介绍。

（一）明确设计要求，进行工况分析

1. 明确设计要求

液压系统的动作和性能要求取决于主机，一般包括：运动方式、行程、速度范围、负载条件、运动平稳性、精度、工作循环和动作周期、同步或连锁等。就工作环境而言，有环境温度、尘埃情况，防火要求及安装空间大小等。只有明确了设计要求及工作环境，才能使设计的系统不仅满足性能要求，而且具有较高的可靠性、良好的空间布局及造型。

2. 工况分析

对执行元件的工况进行分析，就是明确每个执行元件在各自工作过程中的速度和负载的变化规律，通常是求出一个工作循环内各阶段的速度和负载值。必要时还应做出速度、负载随时间或位移变化的曲线图。

（二）确定液压系统的主要参数

这里所说的主要参数是液压执行元件的主要参数，即液压执行元件的工作压力和最大流量。液压系统采用的执行元件形式可视主机所要实现的运动种类和性质而定，见表 6-1。

表 6-1　选择执行元件的形式

运动形式	往复直线运动		回转运动		往复摆动
	短行程	长行程	高速	低速	
建议采用执行元件的形式	活塞式液压缸柱塞式液压缸	活塞式液压缸柱塞式液压缸液压马达与齿轮/齿条或螺母/丝杠机构	高速液压马达	低速大转矩液压马达高速液压马达（带减速器）	摆动液压缸

1. 初选执行元件的工作压力

工作压力是确定执行元件结构参数的主要依据，影响执行元件的尺寸和成本，甚至整个系统的性能。工作压力选得高，执行元件和系统的结构紧凑，但对元件的强度、刚度及密封要求高，且要采用较高压力的液压动力元件；工作压力选得低，会增大执行元件及整个系统的尺寸，使结构变得庞大，所以应根据实际情况选取适当的工作压力，执行元件工作压力可以根据总负载值选取。当最大负载参数确定后，再充分考虑系统所需流量、效率等因素，可参考表6-2和表6-3选定系统工作压力。

表6-2 各类液压设备常用工作压力

设备类型	机床				农业机械,小型工程机械	液压机,重型机械,起重运输机械
	磨床	组合机床	龙门刨床	拉床		
工作压力 p/MPa	0.8~2	3~5	2~8	8~10	10~16	20~32

表6-3 根据负载选择工作压力

负载 F/kN	<5	5~10	10~20	20~30	30~50	>50
工作压力 p/MPa	0.8~1	1.5~2	2.5~3	3~4	4~5	>5~7

2. 确定执行元件的主要结构参数

在这里以液压缸为例，需要确定的主要结构尺寸是指液压缸的内径 D 和活塞杆的直径 d。计算和确定 D 和 d 的一般方法参见模块三相关内容。

对有低速运动要求的系统，还需对液压缸有效工作面积 A 进行验算，即应保证

$$A \geqslant \frac{q_{min}}{v_{min}} \tag{6-1}$$

式中 A——液压缸工作腔的有效工作面积（m^2）；

q_{min}——控制执行元件速度的流量阀的最小稳定流量（m^3/s）；

v_{min}——液压缸要求达到的最低工作速度（m/s）。

验算结果若不能满足式（6-1），则说明按所设计的结构尺寸和方案达不到所需要的最低速度，必须修改设计方案。

3. 复算执行元件的工作压力

当液压缸的主要尺寸 D、d 计算出来以后，要按标准系列圆整，经过圆整的标准值与计算值之间一般都存在一定的偏差，因此要根据圆整值对工作压力进行一次复算。在按上述方法确定工作压力的过程中，没有计算回油路的背压，因此所确定的工作压力只是执行元件为了克服机械总负载所需要的那部分压力，在结构参数 D、d 确定之后，选取适当的背压估算值，即可求出这时执行元件工作腔的压力。

对于单杆液压缸，其工作压力 p 可按下列公式复算。

无杆腔进油工进阶段

$$p = \frac{F}{A_1} + \frac{A_2}{A_1} p_b \tag{6-2}$$

有杆腔进油工进阶段

$$p = \frac{F}{A_2} + \frac{A_1}{A_2} p_b \tag{6-3}$$

式中　F——液压缸在各工作阶段的最大机械总负载（N）；

　A_1、A_2——液压缸无杆腔和有杆腔的有效工作面积（m^2）；

　　p_b——液压缸回油路的背压（Pa）。

4. 执行元件的工况图

各执行元件的主要参数确定之后，不但可以复算执行元件在工作循环各阶段内的工作压力，还可求出需要输入的流量和功率，这时就可以作出系统中各执行元件在其工作过程中的工况图，即执行元件在一个工作循环中的压力、流量、功率对时间或位移的变化曲线图。将系统中各执行元件的工况图加以合并，便得到整个系统的工况图。液压系统的工况图可以显示整个工作循环中的系统压力、流量和功率的最大值及其分布情况，为后续设计步骤中选择元件、选择回路或修正设计提供合理的依据。

（三）拟订液压系统原理图

液压系统原理图是表示液压系统的组成和工作原理的重要技术文件。拟订液压系统原理图是设计液压系统的第一步，它对系统的性能及设计方案的合理性、经济性具有决定性的影响。

1. 确定油路类型

一般具有较大空间可以存放油箱的系统，都采用开式油路；相反，凡允许采用辅助泵进行补油，并借此达到冷却目的的系统，可采用闭式油路。通常节流调速系统采用开式油路，容积调速系统采用闭式油路。

2. 选择液压回路

在拟订液压系统原理图时，应根据各类主机的工作特点和性能要求，先确定对主机主要性能起决定性影响的主要回路，再考虑其他辅助回路。例如对于机床液压系统，调速和速度换接回路是主要回路；对于压力机液压系统，调压回路是主要回路；有垂直运动部件的系统要考虑平衡回路；有多个执行元件的系统要考虑顺序动作、同步或回路隔离；有空载运行要求的系统要考虑卸荷回路等。

3. 绘制液压系统原理图

根据主机的工况和要求，将基本回路合并、整理，增加必要的元件或辅助回路，加以综合，构成一个结构简单、工作安全可靠、动作平稳、效率高、调整和维护保养方便的液压系统，形成系统原理图。

（四）设计或选择液压元件

初步拟订液压系统原理图后，便可进行液压元件的计算和选择，也就是通过计算各液压元件在工作中承受的压力和通过的流量，来确定各元件的规格和型号。

1. 选择液压泵

首先根据设计要求和系统工况确定液压泵的类型，然后根据系统需要的工作流量和系统工作压力来选择液压泵的规格。

（1）液压泵的最高供油压力

$$p_p = p + \sum \Delta p_1 \qquad (6\text{-}4)$$

式中　p_p——液压泵的最高供油压力（Pa）；

　　p——执行元件的最高工作压力（Pa）；

　$\sum \Delta p_1$——进油路上总的压力损失（Pa）。

如系统在执行元件停止运动时才出现最高工作压力，则 $\sum \Delta p_1 = 0$；否则，须计算出油液流过进油路上的控制、调节元件和管道的各项压力损失。初算时可凭经验进行估计，对简单系统取 $\sum \Delta p_1 = 0.2 \sim 0.5 \mathrm{MPa}$，对复杂系统取 $\sum \Delta p_1 = 0.5 \sim 1.5 \mathrm{MPa}$。

（2）**确定液压泵的最大供油量**　液压泵的最大供油量为

$$q_p = k \sum \Delta q_{max} \tag{6-5}$$

式中　q_p——液压泵的最大供油量（$\mathrm{m^3/s}$）；

k——系统的泄漏修正系数，一般取 $k = 1.1 \sim 1.3$，大流量取小值，小流量取大值；

$\sum \Delta q_{max}$——同时动作的各执行元件所需流量之和的最大值（$\mathrm{m^3/s}$）。

（3）**选择液压泵的规格型号**　液压泵的规格型号按计算值从产品样本中选取。为了工作安全可靠，液压泵应有一定的压力储备量，通常泵的额定压力可比工作压力高 $25\% \sim 60\%$。泵的额定流量则宜与 q_p 相当，不要超过太多，以免造成过大的功率损失。

（4）**选择驱动液压泵的电动机**　驱动液压泵的电动机根据驱动功率和液压泵的转速来选择。在整个工作循环中，液压泵的压力和流量在较多时间内皆达到最大工作值时，驱动泵的电动机功率 P 为

$$P = \frac{p_p q_p}{\eta_p} \tag{6-6}$$

式中　η_p——液压泵的总效率，数值可见产品样本。

限压式变量叶片泵的驱动功率可按液压泵的实际压力-流量特性曲线拐点处的功率来计算。

在工作循环中，液压泵的压力和流量变化较大时，可分别计算出工作循环中各个阶段所需的驱动功率，然后求其均方根值即可。

在选择电动机时，应将求得的功率值与各个工作阶段的最大功率值比较，若最大功率符合电动机短时超载 25% 的范围，则按平均功率选择电动机；否则应按最大功率选择电动机。

2. 选择阀类元件

各种阀类元件的规格型号，应按液压系统原理图中确定的各回路执行元件的工作压力和流量从产品样本中选取。各种阀的额定压力和额定流量，一般应与工作压力和最大通过流量相接近，必要时，可允许其最大通过流量超过额定流量 20%。

具体选择时，应注意溢流阀按液压泵的最大流量来选取；流量阀还需考虑最小稳定流量，以满足低速稳定性要求；单杆液压缸系统，若无杆腔有效作用面积为有杆腔有效作用面积的几倍，当有杆腔进油时，回油流量为进油流量的几倍，此时，应以几倍的流量来选择通过的阀类元件。

3. 选择液压辅助元件

对于液压系统中的各辅助元件，可按模块四的有关原则来选取。

（五）**验算液压系统的性能**

液压系统初步设计是在某些估计参数情况下进行的，当各回路形式、液压元件及连接管路等完全确定后，应针对实际情况对所设计的系统进行各项性能分析验算。验算内容一般包含系统的压力损失、发热温升、运动平稳性和泄漏量等。根据分析计算发现问题，对某些不合理的设计要进行重新调整，或采取其他必要的措施。

1. 系统压力损失的验算

液压系统管路装配草图方案绘制完成后,即可计算管路的沿程压力损失和局部压力损失,管路总的压力损失为沿程压力损失与局部压力损失之和。

为了尽早地评估系统的主要性能,避免后面的设计工作出现大的反复,在系统方案之初,通常用液流通过阀类元件的局部压力损失来对管路的压力损失进行概略的估算,因为这部分损失在系统的整个压力损失中占很大的比重。

在算出系统油路的总的压力损失后,将此验算值与前述设计过程中初步选取的油路压力损失经验值进行比较,若误差较大,一般应对原设计进行必要的修改,重新调整有关阀类元件的规格和管道尺寸等,以降低系统的压力损失。需要指出的是,对于较简单的液压系统,压力损失验算可以省略。

2. 系统发热温升的验算

液压系统在工作时,液压泵和执行元件会产生容积损失和机械损失,管路和各种阀类元件会产生压力损失和泄漏,这些损耗的能量大部分转化为热能,使油温升高,从而导致油液的黏度下降,甚至会导致油液变质,影响机械设备正常工作。为此,必须将油液的温度控制在许可范围内。

功率损失使系统发热,单位时间内的发热量为液压泵的输入功率与执行元件的输出功率之差。一般情况下,液压系统的工作循环往往有几个阶段,其平均发热量为各个工作周期发热量的时间平均值,即

$$\phi = \frac{1}{t} \sum_{i=1}^{n} \left(P_{i_i} - P_{o_i} \right) t_i \qquad (6\text{-}7)$$

式中　ϕ——单位时间内发热量的时间平均值（W）;

　　P_{i_i}——第 i 个工作阶段系统的输入功率（W）;

　　P_{o_i}——第 i 个工作阶段系统的输出功率（W）;

　　t——工作循环周期（s）;

　　t_i——第 i 个工作阶段的持续时间（s）;

　　n——总的工作阶段数。

液压系统在工作中产生的热量,有一小部分经由系统中的元件、附件的表面散发到空气中,但绝大部分是由油箱散发的,油箱在单位时间内散发的热量为

$$\phi' = k_h A \Delta t \qquad (6\text{-}8)$$

式中　ϕ'——油箱单位面积在单位时间内散发的热量（W）;

　　k_h——油箱的散热系数 [W/(m² · ℃)];

　　A——油箱的散热面积（m²）;

　　Δt——液压系统的温升（℃）。

当液压系统的散热量等于发热量时,系统达到了热平衡,这时系统的温升为

$$\Delta t = \frac{\phi}{k_h A} \qquad (6\text{-}9)$$

按式（6-9）算出的温升值,如果超过允许数值时,必须采取适当的冷却措施或修改液压系统的设计。

（六）绘制工作图及编写技术文件

所设计的液压系统经过验算后，即可对初步拟订的液压系统进行修改，并绘制正式工作图和编写相关技术文件。

1. 绘制工作图

正式工作图包括液压系统原理图、液压系统装配图、各种非标准元件（如油箱、液压缸等）装配图及零件图。液压系统原理图中应附有液压元件明细表，表中标明各液压元件的型号规格、压力和流量等参数值，一般还应绘出各执行元件的工作循环图和电磁铁的动作顺序表。

液压系统装配图是液压系统的安装施工图，包括油箱装配图、集成油路装配图和管路安装图等。在管路安装图中应画出各油管的走向，管道固定装置的结构及位置，各种管接头的形式、规格等。

2. 编写技术文件

技术文件一般包括液压系统设计计算说明书、液压系统使用及维护说明书、零部件目录表及标准件、通用件、外购件表等。

二、液压传动系统设计实例

设计要求：某厂要求设计一台卧式单面多轴钻孔组合机床，其工作台是由一个液压缸驱动的。要求液压缸的工作循环是：快进→工进→快退→停止。工作部件总重 $W=1020\text{kg}$；工作负载 $F_R=40\text{kN}$；快进行程 $l_1=100\text{mm}$，工进行程 $l_2=50\text{mm}$，快进和快退速度 $v_1=v_3=6\text{m/min}$，工进速度 $v_2=0.05\text{m/min}$；往复运动的加速、减速时间 $\Delta t=0.2\text{s}$。工作部件运动时采用平导轨支撑，其静摩擦系数 $f_j=0.2$，动摩擦系数 $f_d=0.1$，试设计此液压系统。

（一）负载分析

工作负载 $F_R=40000\text{N}$；

工作部件产生的重力 $G=Wg=1020\times9.8\text{N}=10000\text{N}$；

惯性负载 $F_m=W\dfrac{\Delta v}{\Delta t}=1020\times\dfrac{6}{0.2\times60}\text{N}=510\text{N}$；

阻力负载　静摩擦阻力 $F_{f_j}=f_jG=0.2\times10000\text{N}=2000\text{N}$；

　　　　　动摩擦阻力 $F_{f_d}=f_dG=0.1\times10000\text{N}=1000\text{N}$；

液压缸工作循环中各阶段的负载见表 6-4。

表 6-4　液压缸工作循环中各阶段的负载

工况	计算公式	液压缸负载 F/N	液压缸推力（F/η_m）/N
起动	$F=f_jG$	2000	2222
加速	$F=f_dG+F_m$	1510	1678
快进	$F=f_dG$	1000	1111
工进	$F=F_R+f_dG$	41000	45556
反向起动	$F=f_jG$	2000	2222
加速	$F=f_dG+F_m$	1510	1678
快退	$F=f_dG$	1000	1111
制动	$F=f_dG-F_m$	490	544

其中液压缸的机械效率取 $\eta_m = 0.9$。

计算快进、工进时间和快退时间如下：

快进：$t_1 = \dfrac{l_1}{v_1} = \dfrac{60 \times 100 \times 10^{-3}}{6} s = 1s$

工进：$t_2 = \dfrac{l_2}{v_2} = \dfrac{60 \times 50 \times 10^{-3}}{0.05} s = 60s$

快退：$t_3 = \dfrac{l_1 + l_2}{v_3} = \dfrac{60 \times (100 + 50) \times 10^{-3}}{6} s = 1.5s$

（二）负载循环图的绘制

根据液压缸在各工作时间内的负载、速度值绘制负载图及速度图，如图6-1所示。

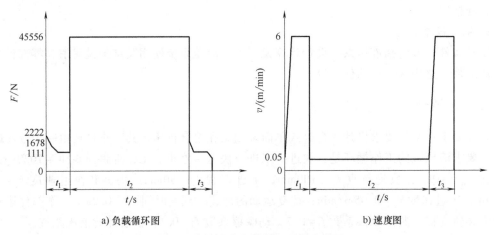

a) 负载循环图　　　　　　　　b) 速度图

图6-1　液压缸的负载循环图和速度图

（三）液压缸主要参数的确定

1. 初选液压缸的工作压力

根据液压缸的最大推力为45556N，初选液压缸的工作压力 $p_1 = 6.3\text{MPa}$。

2. 计算液压缸尺寸

由于是钻孔组合机床，为了使其钻孔完毕时不致前冲，在回油路上要装背压阀或采用回油节流调速，初选背压为 $p_2 = 1\text{MPa}$，由负载循环图可知，最大负载是在工作进给阶段，采用无杆腔进油，而且取 $d = 0.7D$（即 $A_1 = 2A_2$），以便采用差动连接时，快进和快退的速度相等。快进时液压缸虽然做差动连接，但由于油管中有压降 Δp 存在，有杆腔的压力必须大于无杆腔，估算时可取 Δp 约为 0.6MPa。因此液压缸活塞的受力平衡式为

$$F = (p_1 A_1 - p_2 A_2)\eta_m$$

$$A_1 = \frac{F}{\eta_m\left(p_1 - \dfrac{p_2}{2}\right)} = \frac{41000}{0.9 \times \left(6.3 - \dfrac{1}{2}\right) \times 10^6} m^2 = 0.79 \times 10^{-2} m^2$$

$$D = \sqrt{\frac{4}{\pi} A_1} = \sqrt{\frac{4}{\pi} \times 0.79 \times 10^{-2}} m = 0.1m = 100mm$$

按 GB/T 2348—2018，取 $D=110$mm，则 $d=0.7D=77$mm，圆整为 $d=80$mm。液压缸无杆腔和有杆腔的实际有效工作面积 A_1、A_2 为

$$A_1 = \frac{\pi D^2}{4} = \frac{\pi \times 110^2}{4} \text{mm}^2 = 9.5 \times 10^3 \text{mm}^2$$

$$A_2 = \frac{\pi(D^2 - d^2)}{4} = \frac{\pi \times (110^2 - 80^2)}{4} \text{mm}^2 = 4.47 \times 10^3 \text{mm}^2$$

反算液压缸的工作压力 p_1 为

$$p_1 = \frac{\dfrac{F}{\eta_m} + p_2 A_2}{A_1} = \frac{\dfrac{41000}{0.9} + 1 \times 10^6 \times 4.47 \times 10^3 \times 10^{-6}}{9.5 \times 10^3 \times 10^{-6}} \text{Pa} = 5.3\text{MPa}$$

计算出液压缸工作循环中各阶段的压力、流量和功率的实际值见表 6-5。

表 6-5　液压缸工作循环中各阶段的压力、流量和功率的实际值

工况		推力 F/N	回油腔压力 p_2/MPa	输入流量 $q/(L/min)$	进油腔压力 p_1/MPa	输入功率 P/kW	计算公式
快进（差动）	起动	2222	—	—	0.44①	—	$p_1 = \dfrac{F + A_2 \Delta p}{A_1 - A_2}$
	加速	1678	0.6	—	0.87	—	$q = (A_1 - A_2)v_1$
	恒速	1111		30.2	0.75	0.38	$P = p_1 q$
工进		45556	1.0	0.48	5.3	0.042	$p_1 = \dfrac{F + A_2 p_2}{A_1}$ $q = A_1 v_2$ $P = p_1 q$
快退	起动	2222	—	—	0.49①	—	$p_1 = \dfrac{F + A_1 p_2}{A_2}$
	加速	1678	0.6	—	1.65	—	$q = A_2 v_3$
	恒速	1111		26.8	1.52	0.67	$P = p_1 q$

① 起动瞬间活塞尚未移动。

（四）液压系统图的拟订

1. 选择液压回路

首先选择调速回路。由工况图可知，该液压系统功率小，工作负载变化小，可选用进油节流调速回路，为防止钻孔时的前冲现象，在回油路上加背压阀。

由工况图中的曲线可知，液压系统的工作主要由低压大流量和高压小流量两个阶段组成。又从表 6-5 可知，最大流量与最小流量之比为 $q_{max}/q_{min}=30.2/0.48 \approx 63$，而工进和快进的时间之比为 $t_2/t_1=60$。因此从提高系统效率、节省能量的角度上来看，采用单个定量泵作为油源显然是不合适的，宜采用双泵供油系统。

其次是选择快速运动和换向回路。系统中采用节流调速回路后，必须有单独的油路通向液压缸以实现快速运动，由于快进与快退速度相同，液压缸又采用单活塞杆缸，因此快进时

液压缸应采用差动连接的方式。

选择速度换接回路。当滑台从快进转为工进时，系统的流量变化很大，滑台的速度变化较大，为了减小速度换接时的液压冲击，宜选用行程阀来实现速度的换接。当滑台由工进转为快退时，回路中通过的流量很大，为了保证换向平稳，宜采用电液换向阀换向。由于这一回路要实现液压缸的差动连接，因此换向阀须是三位五通阀。

2. 组成液压系统图

系统由在所选定基本回路的基础上，再考虑其他一些有关因素组成。图 6-2 所示为双泵供油方案液压系统原理图。

（五）液压元件的选择

1. 确定液压泵规格和驱动电动机功率

由表 6-5 可知，液压缸的最大工作压力为 5.3MPa，是在液压缸工进时出现的，按系统工作原理，此时由小流量泵供油。采用调速阀进油节流调速，如取进油路上的压力损失 Δp_1 为 0.8MPa，则小流量泵的最大工作压力 p_{p1max} 为

$$p_{p1max} = p_1 + \Delta p_1 = (5.3 + 0.8) \times 10^6 \text{MPa} = 6.1 \text{MPa}$$

大流量泵在快进、快退时才向液压缸供油，由表 6-5 可知，快退时的工作压力高于快进时的工作压力，其值为 1.52MPa，如取进油路上的压力损失 Δp_1 为 0.8MPa，则大流量泵的最高工作压力 p_{p2max} 为

$$p_{p2max} = p_1 + \Delta p_1 = (1.52 + 0.8) \times 10^6 \text{MPa} = 2.32 \text{MPa}$$

由表 6-5 可知，在快速运动时，两个液压泵应向液压缸提供的最大流量为 30.2L/min，由于系统存在泄漏，如取泄漏量 $\Delta q = 0.1q$，则两个液压泵的总供油量为

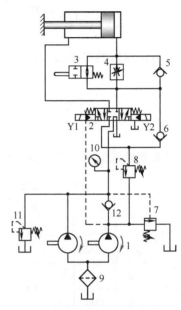

图 6-2　双泵供油方案液压系统原理图
1—双联叶片泵　2—三位五通电液换向阀
3—行程阀　4—调速阀　5、6、12—单向阀
7—顺序阀　8—背压阀　9—过滤器
10—压力表开关　11—溢流阀

$$q_p = 1.1q = 1.1 \times 30.2 \text{L/min} = 33.2 \text{L/min}$$

由于溢流阀的最小稳定溢流量为 3L/min，工进时的流量为 0.48L/min，因而小流量液压泵的最小流量应为 3.48L/min。根据以上压力和流量的数值查阅产品目录，最后确定选取 YB1-C31-4/40 双联叶片泵。

由表 6-5 可知，液压缸的最大功率出现在快退阶段，为 0.67kW，这时液压泵的供油压力为 1.52MPa，流量为已选定泵的流量值 40L/min，如取双联泵的总效率 $\eta_p = 0.75$，则驱动电动机的功率为

$$P_p = \frac{p_p q_p}{\eta_p} = \frac{1.52 \times 10^6 \times 40 \times 10^{-3}}{60 \times 0.75} \text{W} \approx 1351 \text{W} = 1.35 \text{kW}$$

按产品目录选用 Y100L-6 型电动机，其功率为 1.5kW，转速为 1000r/min。

2. 阀类元件及辅助元件的选择

根据液压系统的工作压力和通过各个阀类元件及辅助元件的实际流量与压力选出元件。具体型号和规格可参见相应的产品样本，这里不再赘述。

3. 油管选择

各元件间连接管道的规格按管道所在位置（吸油管道、压力管道、回油管道）并结合元件接口尺寸决定；管道长度由管路装配图确定，应适当留有余量，保证现场配作的管道用量。

4. 确定油箱容量

由模块四中的式（4-1）计算，即

$$V = \alpha q_V = (5 \sim 7) \times 40 \text{L} = 6 \times 40 \text{L} = 240 \text{L}$$

（六）液压系统的性能验算

工进在整个工作循环中所占的时间比例极大，所以系统发热和油液温升可用工进时的情况来计算。

近似认为损失的功率都转变成热量，工进时液压缸的有效功率为

$$P_o = Fv = \frac{45556 \times 0.05}{60} \text{W} \approx 38 \text{W} = 0.038 \text{kW}$$

由于大流量泵通过顺序阀卸荷，小流量泵在高压下供油，所以总的输入功率为

$$P_i = \frac{p_{p_1} q_{p_1} + p_{p_2} q_{p_2}}{\eta} = \frac{0.3 \times 10^6 \times \frac{40}{60} \times 10^{-3} + 5.5 \times 10^6 \times \frac{4}{60} \times 10^{-3}}{0.75} \text{W} \approx 756 \text{W} = 0.756 \text{kW}$$

由此得液压泵发热量为

$$H = P_i - P_o = (0.756 - 0.038) \text{kW} = 0.718 \text{kW}$$

当油箱的 3 个边长之比为 $1:1:1 \sim 1:2:3$，且油位是油箱高度的 0.8 倍时，其散热面积可近似计算为

$$A = 0.065 \sqrt[3]{V^2}$$

式中　V——油箱的有效容积（L）；

　　　A——油箱的散热面积（m^2）。

油液温升近似值为

$$\Delta T = \frac{H}{KA} = \frac{718}{15 \times 0.065 \times \sqrt[3]{240^2}} \text{℃} = 19 \text{℃}$$

式中　K——传热系数［$\text{W}/(\text{m}^2 \cdot \text{℃})$］，当周围通风较差时取 $K = 8 \sim 9$，当通风较好时取 $K = 15$，用风扇冷却时取 $K = 23$，用循环水冷却时取 $K = 110 \sim 170$。

假设液压系统工作的环境温度为 30℃，则液压系统的油温为 49℃，没有超过液压系统允许工作油温的最高值 60℃，故不需设置冷却器。

【知识拓展】

"神州第一挖"：XE7000 矿用挖掘机

图 6-3 所示为徐工 XE7000 矿用挖掘机。

2018 年 4 月，"神州第一挖" XE7000 矿用挖掘机荣耀下线，中国一跃成为继德、日、美之后第四个具备研发制造 700t 级以上液压挖掘机的国家。该挖掘机拥有 60 余项自主专

图 6-3　徐工 XE7000 矿用挖掘机

利，在中国超大吨液压挖掘机领域首次实现了关键核心技术的集中应用突破，在中国超级露天采矿装备发展史中具有里程碑式的意义。XE7000 挖掘机配备一个 $34m^3$ 的铲斗，每个铲斗能够容纳约 50t 煤。从数字上讲，如果这台挖掘机能全天工作，它每天可以装载大约 30000t 煤炭。因此，XE7000 旨在与最大的自卸卡车配对工作，其装载能力为 300~400t。

XE7000 矿用挖掘机的特点如下：

1）高效可靠的控制系统。基于双动力单元控制系统，可满足双动力系统的同步耦合，实现挖掘机功率的最优化使用；保证单动作及复合动作的协调，针对不同工况，实现发动机及主泵功率的最佳匹配；配置智能监控及故障自诊断系统，对产品运行状态进行实时监控。

2）先进的节能技术。采用阀外流量再生系统，收集动臂下降、斗杆内收过程中的能量并应用于其他执行元件；采用闭式回转系统，实现回转制动能量的回收。

3）可靠的安全技术。采用多个摄像头获取整机周围影像，整合成 360°全景影像，提高了作业安全性；采用双轴水平倾角传感器实时监测机器相对于水平面的角度，避免了危险的操作。

4）更高的可靠性和耐用性。主要结构件采用箱型结构设计，关键部位采用高强度钢材，结合动力学与有限元优化分析技术，提升了产品结构材料的疲劳寿命。

5）便捷的维护保养。配备电动润滑系统，可自动实现铰点集中润滑；采用集中加注系统，可实现液压油、回转齿轮油、分动箱齿轮油、润滑脂集中加注。

6）舒适的人机环境。配置全自动、大功率的冷暖空调系统；多点支撑的减振器能有效减振降噪；全视野超大玻璃前窗，全方位开放的操作空间。

【项目实施】

1. 设计组合机床液压系统

根据教材中的实例及相关参考工具书，以分组形式，设计一台卧式组合机床液压系统。

设计要求：

组合机床切削过程要求实现"快进→工进→快退→停止"的自动循环，由动力滑台驱动工作台。最大切削力 $F = 30 \times 10^3 N$，工作台快进与快退速度相等，$v_1 = 4m/min$，工作台工作进给速度可调，$v_2 = 0.05 \sim 0.1m/min$。工作台最大行程 $L = 40mm$，工作行程 $L_1 = 200mm$。

工作台自重 $W=306\mathrm{kg}$，滑台采用平导轨结构，计算时静摩擦系数 $f_j=0.2$，动摩擦系数 $f_d=0.1$。

1）负载与运动分析（图6-4）。

2）液压缸主要参数的确定。

3）液压系统图的拟订（图6-5）。

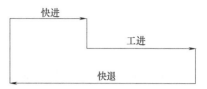

图6-4　动力滑台工作循环图

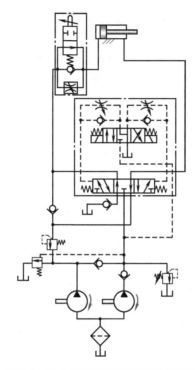

图6-5　动力滑台液压系统原理参考图

4）液压元件的选择。

5）液压系统的性能验算。

2. 项目评价

序号	检查内容	自我评分	小组评分	教师评分	备注
1	课前预习(10分)				
2	态度端正,学习认真(10分)				
3	能正确进行负载与运动分析(15分)				
4	掌握液压缸主要参数的计算方法(20分)				
5	能正确拟订液压系统图(20分)				
6	能选择合适的液压元件(15分)				
7	项目任务的完成度(10分)				
合计	100分				
总分					

注：总分 = 自我评分×40% + 小组评分×25% + 教师评分×35%。

【思考与练习】

一、填空题

1. 液压系统工作压力选得高，执行元件和系统的结构紧凑，但对元件的（　　　）、（　　　）及（　　）要求高。

2. 工况分析是指（　　　）分析和（　　　）分析。

3. 一般具有较大空间可以存放油箱的系统，都采用（　　　　　），凡允许采用辅助泵进行补油，并借此达到冷却目的的系统，可采用（　　　　）。

4. 对于压力机液压系统，（　　　）是主要回路，有垂直运动部件的系统要考虑（　　　　）。

5. 选择溢流阀时，按液压泵的（　　　）来选取，流量阀还需考虑（　　　　），以满足低速稳定性要求。

二、简答题

1. 设计液压系统一般要经过哪些步骤？

2. 拟订液压系统原理图时，如何选择主机设备液压系统的液压回路？

三、计算题

试按照图 6-6 所示的压力机液压系统，对系统主要工作参数进行计算。已知：

（1）工作循环为"快速下降→压制工作→快速退回→原位停止（或再快速下降）"。

（2）液压缸无杆腔有效工作面积 $A_1 = 1000\text{cm}^2$，有杆腔有效工作面积 $A_2 = 500\text{cm}^2$，移动部件自重 $G = 510\text{kg}$。

（3）快速下降时的外负载 $F_{L1} = 10\text{kN}$，速度 $v_1 = 6\text{m/min}$。

（4）压制工件时的外负载 $F_{L2} = 500\text{kN}$，速度 $v_2 = 0.2\text{m/min}$。

（5）快速回程时的外负载 $F_{L3} = 10\text{kN}$，速度 $v_3 = 12\text{m/min}$。

若管路压力损失、泄漏损失、液压缸的密封摩擦力以及惯性力等均忽略不计，则：

1）求液压泵的最大工作压力及流量。

2）阀 3、4、5 各起什么作用？它们的调整压力各为多少？

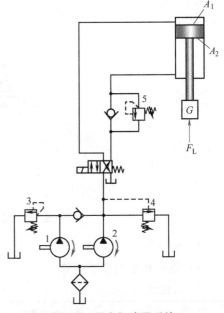

图 6-6　压力机液压系统

模块7

气 动 元 件

【模块导读】

任何一个气动系统都是由若干个气动元件按照一定的功能逻辑和规则组成的。这些气动元件在气动系统中各自发挥着不同的作用，共同构成了一个能满足设计要求、实现既定功能的气动系统整体。

根据各气动元件在气动系统中所起到的作用，构成气动系统的元件可划分为能源元件、执行元件、控制元件和辅助元件四大类。能源元件主要用于向气动系统提供压缩空气作为动力源，执行元件是将压缩空气的压力能转化为机械能向外输出，控制元件是按照设备功能要求实现对气动系统进行方向、压力、速度等各种控制，而辅助元件主要为系统功能的实现提供必要的辅助，它也是系统不可或缺的重要组成部分。

学习气动元件，可以帮助大家正确认识和设计、装调气动系统。各个气动元件都有自己的元件符号，同种类型元件的符号往往比较相似，大家在学习过程中要注意区分。只有掌握了各气动元件的结构功能特点、适用场合等知识，才能正确选用适合工况要求的气动元件并进一步设计出简单、可靠的气动系统。

项目7　气动夹紧装置控制回路的设计——气动元件

【项目描述】

某药品生产企业的生产线上需要设计一个气动夹紧装置，用于完成某物料的推送和夹紧工作，夹紧装置的工作示意图如图 7-1 所示。该装置有两个气缸，一个用于将物料从料仓送到加工站，称为推料缸，另一个用来夹紧物料，称为夹紧缸。该装置在工作过程中，推料缸 A 伸出将物料从料仓推送到加工站，紧接着夹紧缸 B 伸出将物料夹紧，然后开始对物料进

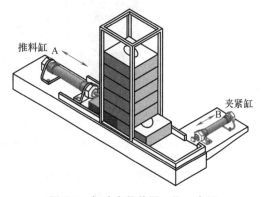

图 7-1　气动夹紧装置工作示意图

行加工；物料加工完成后，夹紧缸和推料缸同时缩回，由此完成了一个工作循环。请设计符合该动作顺序的气动夹紧装置控制回路。

【项目要求】

➤ 了解气源装置的基本组成、作用及分类。

➤ 掌握单作用气缸、双作用气缸等气动执行元件的结构、工作原理及图形符号。

➤ 掌握快速排气阀、单向节流阀、换向阀、溢流阀、顺序阀等气动控制元件的结构、工作原理及图形符号。

➤ 设计搭建气动夹紧装置的双气缸顺序动作控制回路，并仿真调试回路。

【相关知识】

一、气动执行元件

气动系统常用的执行元件为气缸和气马达，它们是将气体的压力能转化为机械能的元件。气缸用于实现直线往复运动，输出力和直线位移；气马达用于实现连续回转运动，输出转矩和角位移。

（一）气缸

气缸是气压传动系统中使用最多的一种执行元件，根据使用条件、场合的不同，其结构、形状也有多种形式。要确切地对气缸进行分类是比较困难的，常见的分类方法有按结构分类、按缸径分类、按缓冲形式分类、按驱动方式分类和按润滑方式分类。最常用的是普通气缸，普通气缸主要由缸筒、活塞、活塞杆、前后端盖及密封件等组成，主要有单作用气缸和双作用气缸两种。此外，还有无杆气缸、气动手指、导向气缸等，应用也较为广泛。

1. 单作用气缸

单作用气缸只在活塞一侧可以通入压缩空气使其伸出或缩回，另一侧是通过呼吸孔开放在大气中的，其结构图、实物图和图形符号分别如图7-2、图7-3所示。

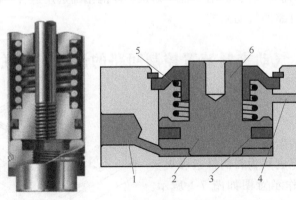

单作用气缸工作原理

图7-2 单作用气缸结构示意图

1—进、排气口 2—活塞 3—活塞密封圈 4—呼吸口 5—回位弹簧 6—活塞杆

活塞的反向动作靠一个回位弹簧或施加外力来实现。由于压缩空气只能在一个方向上控制气缸活塞的运动，所以称其为单作用气缸。单作用气缸只能在一个方向上做功。

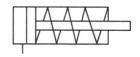

a) 实物图　　　　　　　　　　　　　　　　　b) 图形符号

图 7-3　单作用气缸实物图和图形符号

单作用气缸的特点如下：

1）单边进气，因此结构简单，耗气量小。

2）缸内装弹簧，增加了气缸长度，缩短了气缸的有效行程，且其行程还受弹簧长度限制。

3）借助弹簧力复位，使压缩空气的能量有一部分用来克服弹簧张力，减小了活塞杆的输出力；而且输出力的大小和活塞杆的运动速度在整个行程中随弹簧的变形而变化。

因此，单作用气缸多用于行程较短以及对活塞杆输出力和运动速度要求不高的场合。

2. 双作用气缸

双作用气缸活塞的往返运动是依靠压缩空气从缸内被活塞分隔开的两个腔室（有杆腔、无杆腔）交替进入和排出来实现的。由于气缸活塞的往返运动全部靠压缩空气来完成，压缩空气可以在两个方向上做功，所以称其为双作用气缸，其结构图、实物图和图形符号分别如图 7-4 和图 7-5 所示。

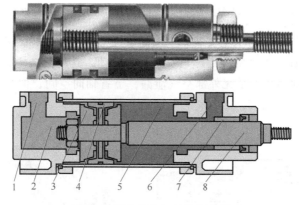

图 7-4　双作用气缸结构示意图

1、6—进、排气口　2—无杆腔　3—活塞　4—密封圈　5—有杆腔　7—导向环　8—活塞杆

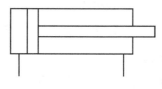

双作用气缸

a) 实物图　　　　　　　　　　　　　　　　　b) 图形符号

图 7-5　双作用气缸实物图和图形符号

由于没有复位弹簧，双作用气缸可以获得更长的有效行程和稳定的输出力。但双作用气缸是利用压缩空气交替作用于活塞上实现伸缩运动的，由于回缩时压缩空气的有效作用面积较小，所以产生的力要小于伸出时产生的推力。

3. 无杆气缸

无杆气缸就是没有活塞杆的气缸，它利用活塞直接或间接带动负载实现往复运动。由于没有活塞杆，气缸可以在较小的空间中实现更长的运动行程。无杆气缸主要有机械耦合、磁性耦合等结构形式。

机械耦合式无杆气缸在压缩空气的作用下，气缸活塞-滑块机械组合装置可以做往复运动。这种无杆气缸通过活塞-滑块机械组合装置传递气缸输出力，缸体上有管状沟槽，可以防止其扭转。为了防止泄漏及防尘，在开口部采用密封和防尘不锈钢带，并固定在两个端盖上，其剖面结构、实物图和图形符号如图7-6所示。

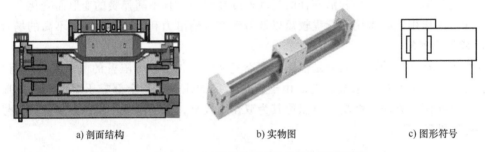

| a) 剖面结构 | b) 实物图 | c) 图形符号 |

图 7-6　机械耦合式无杆气缸的剖面结构、实物图和图形符号

磁性耦合式无杆气缸在活塞上安装了一组高磁性稀土永久磁环，其输出力的传递靠磁性耦合，由内磁环带动缸筒外边的外磁环与负载一起移动，其剖面结构、实物图和图形符号如图7-7所示。这种气缸的特点是无外部空气泄漏，节省轴向空间，但当速度过快或负载太大时，可能造成内、外磁环脱离。

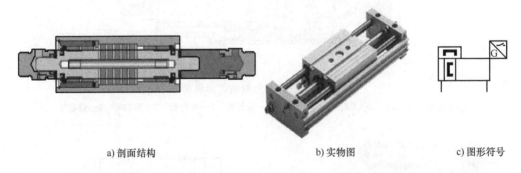

| a) 剖面结构 | b) 实物图 | c) 图形符号 |

图 7-7　磁性耦合式无杆气缸的剖面结构、实物图和图形符号

4. 气动手指

气动手指（气爪）可以实现各种抓取功能，是现代气动机械手中的一个重要部件。气动手指的主要类型有平行气爪、摆动气爪、旋转气爪和三点气爪等。气动手指能实现双向抓取、自动对中，并可安装无接触式位置检测元件，有较高的重复精度。

（1）平行气爪　平行气爪通过两个活塞工作。通常让一个活塞受压、另一个活塞排气，实现手指移动。平行气爪的手指只能轴向对心移动，不能单独移动一个手指，其剖面结构、实物图和图形符号如图 7-8 所示。

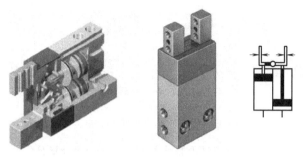

a) 剖面结构　　　　b) 实物图　　　c) 图形符号

图 7-8　平行气爪的剖面结构、实物图和图形符号

（2）摆动气爪　摆动气爪通过一个带环形槽的活塞杆带动手指运动。由于摆动气爪的手指始终与环形槽相连，所以手指移动能实现自动对中，并保证抓取力矩的恒定，其剖面结构、实物图和图形符号如图 7-9 所示。

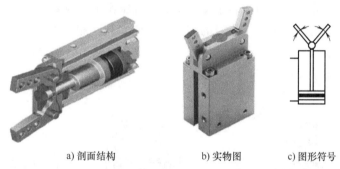

a) 剖面结构　　　　b) 实物图　　　c) 图形符号

图 7-9　摆动气爪的剖面结构、实物图和图形符号

（3）旋转气爪　旋转气爪是通过齿轮齿条来进行手指运动的。齿轮齿条可使旋转气爪的手指同时移动并自动对中，并确保抓取力的恒定，其剖面结构、实物图和图形符号如图 7-10 所示。

a) 剖面结构　　　　b) 实物图　　　c) 图形符号

图 7-10　旋转气爪的剖面结构、实物图和图形符号

（4）三点气爪　三点气爪通过一个带环形槽的活塞带动三个曲柄工作。每个曲柄与一个手指相连，从而使手指打开或闭合，其剖面结构、实物图和图形符号如图 7-11 所示。

a) 剖面结构　　　　　　b) 实物图　　　c) 图形符号

图 7-11　三点气爪的剖面结构、实物图和图形符号

（二）气马达

气马达是将压缩空气的压力能转换为连续旋转运动的气动执行元件。在气压传动中常见的气马达有叶片式气马达、摆动式气马达等。

1. 叶片式气马达

叶片式气马达主要由定子、转子和叶片组成。如图 7-12 所示，压缩空气由输入口进入，作用在工作腔两侧的叶片上。由于转子偏心安装，气压作用在两侧叶片上的转矩不等，从而使转子旋转。转子转动时，每个工作腔的容积在不断变化。相邻两个工作腔间存在压力差，这个压力差进一步推动转子转动。做功后的气体从输出口输出。如果调换压缩空气的输入和输出方向，就可让转子反向旋转。

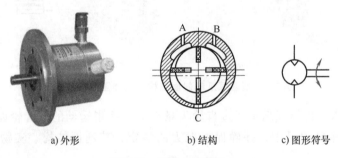

a) 外形　　　　　　　　b) 结构　　　　　　c) 图形符号

图 7-12　叶片式气马达

叶片式气马达体积小、重量轻、结构简单，但耗气量较大，一般用于中、小容量，高转速的场合。

2. 摆动式气马达

摆动式气马达也称摆动气缸，是一种在小于 360°角度范围内做往复摆动的气动执行元件，输出转矩使机构实现往复摆动，多用于物体的转位、工件的翻转、阀门的开闭等场合。摆动式气马达的最大摆动角度有 90°、180°、270°三种规格。

齿轮齿条式摆动式气马达利用气压推动活塞带动齿条做往复直线运动，如图 7-13 所示。齿条带动与之啮合的齿轮做相应的往复摆动，并由齿轮轴输出转矩。这种摆动式气马达的回转角度不受限制，可超过 360°（实际使用一般不超过 360°），但不宜太大，否则会使齿条太长，齿轮齿条式摆动式气马达有单齿条和双齿条两种结构。

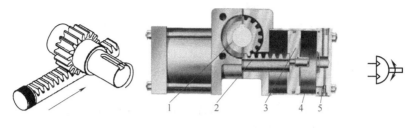

a) 工作原理示意图　　　　b) 剖面结构　　　　c) 图形符号

图7-13 齿轮齿条式摆动式气马达

1—齿轮　2—齿条　3—活塞　4—缸体　5—端位缓冲

除了齿轮齿条式摆动式气马达，还有叶片式、曲杆式等其他不同结构类型的摆动式气马达。

二、气动控制元件

气动控制元件是气动系统中用于控制和调节压缩空气的压力、流量、流动方向和发出信号的重要元件。按其作用和功能主要有方向控制阀、流量控制阀和压力控制阀三大类控制阀，此外还有时间控制阀、逻辑控制阀等。

（一）方向控制阀

在气动基本回路中实现气动执行元件运动方向控制的回路是最基本的回路。只有在执行元件的运动方向符合要求的基础上才能进一步对速度和压力进行控制和调节。

用于通断气路或改变气流方向，从而控制气动执行元件起动、停止和换向的元件称为方向控制阀。方向控制阀主要有单向阀和换向阀两种。

1. 单向阀

单向阀是用来控制气流方向，使之只能单向通过的方向控制阀。

在图7-14所示的单向阀工作原理图中，可以看到气体只能从左向右流动，反向时单向阀内的通路会被阀芯封闭。在气压传动系统中单向阀一般和其他控制阀并联，使之只在某一特定方向上起控制作用，其实物图和图形符号如图7-15所示。

a) 实物图　　　　b) 图形符号

图7-14 单向阀工作原理图　　**图7-15 单向阀实物图和图形符号**

单向阀工作原理

2. 换向阀

用于改变气体通道，使气体流动方向发生变化从而改变气动执行元件的运动方向的元件称为换向阀。气动换向阀按操控方式主要有人力操控方式、机动操控方式、气动操控方式和电磁操控方式等，其结构和工作原理与液压系统中对应的方向控制阀基本相似，图形符号也基本相同，这里不再赘述。换向阀的控制方式及图形符号见表7-1。气动换向阀实物图如图7-16所示。

表 7-1　气动换向阀的控制方式及图形符号

控制方式		图形符号	符号说明
人力操控方式	按压式		按压式二位三通换向阀,左端表示手动按钮,右端表示回位弹簧
	脚踏式		脚踏式二位三通换向阀,左端表示脚踏按钮,右端表示回位弹簧
机动操控方式	滚轮式		滚轮式二位三通换向阀,左端表示机动滚轮,右端表示回位弹簧,机动操控方式的换向阀一般也称为行程阀
	顶杆式		顶杆式二位三通换向阀,左端表示机动顶杆,右端表示回位弹簧
气动操控方式	单气控		单气控二位五通换向阀,左端表示气控口,右端表示回位弹簧
	双气控		双气控二位五通换向阀,左、右两端均表示气控口。此阀结构具有对称性,作用在阀芯上的力保持轴向平衡,无回位弹簧,阀容易实现记忆功能
电磁操控方式	单电控		单电控二位五通换向阀,左端表示驱动阀芯动作的电磁铁,右端表示回位弹簧
	双电控		双电控二位五通换向阀,左、右两端都有驱动阀芯动作的电磁铁。此阀结构具有对称性,作用在阀芯上的力保持轴向平衡,阀容易实现记忆功能

a) 单气控二位五通阀

b) 滚轮式二位三通阀(行程阀)

二位五通换向阀的工作原理

c) 单电控二位五通阀

d) 按压式二位三通阀

图 7-16　气动换向阀实物图

（二）流量控制阀

流量控制阀主要用于控制执行元件的运动速度。气缸工作时，影响其活塞运动速度的因素有工作压力、缸径和气缸所连气路的最小截面面积。通过选择小通径的控制阀或安装节流阀，可以降低气缸活塞的运动速度。通过增加管路的流通截面或使用大通径的控制阀以及采用快速排气阀等，都可以在一定程度上提高气缸活塞的运动速度。常见的流量控制阀有节流阀、单向节流阀、快速排气阀。

1. 节流阀

从流体力学的角度看，流量控制就是在管路中制造局部阻力，通过改变局部阻力的大小来控制流量的大小。节流阀安装在气动回路中，通过调节阀的开度来调节空气的流量，其工作原理、实物图及图形符号如图7-17所示。

a) 工作原理示意图　　　b) 实物图　　　c) 图形符号　　　节流阀工作原理

图 7-17　节流阀

2. 单向节流阀

单向节流阀是气压传动系统最常用的速度控制元件，也常称其为速度控制阀。它是由单向阀和节流阀并联而成的，节流阀只在一个方向上起流量控制的作用，相反方向的气流可以通过单向阀自由流通。利用单向节流阀可以实现对执行元件每个方向上的运动速度的单独调节。

如图7-18所示，压缩空气从单向节流阀的左腔进入时，单向密封圈3被压在阀体上，空气只能从由调节螺母1调整大小的节流口2通过，再由右腔输出。此时单向节流阀对压缩空气起调节流量的作用。当压缩空气从右腔进入时，单向密封圈在空气压力的作用下向上翘起，使得气体不必通过节流口，可以直接流至左腔并输出。此时单向节流阀没有节流作用，压缩空气可以自由流动。在有些单向节流阀的调节螺母下方还装有一个锁紧螺母，用于流量调节后的锁定。单向节流阀的实物图和图形符号如图7-19所示。

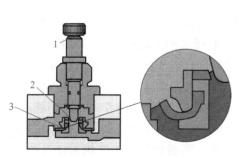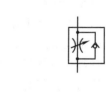

a) 实物图　　　b) 图形符号

图 7-18　单向节流阀工作原理图　　　**图 7-19　单向节流阀实物图和图形符号**

1—调节螺母　2—节流口　3—单向密封圈　　　　单向节流阀工作原理

根据单向节流阀在气动回路中连接方式的不同，可以将速度控制方式分为进气节流速度控制和排气节流速度控制，如图 7-20 所示。进气节流指的是压缩空气经节流阀调节后进入气缸，推动活塞缓慢运动，气缸排出的气体不经过节流阀，通过单向阀自由排出。排气节流指的是压缩空气经单向阀直接进入气缸，推动活塞运动，而气缸排出的气体则必须通过节流阀节流后才能排出，从而使气缸活塞的运动速度得到控制。进气节流和排气节流在性能上有以下不同。

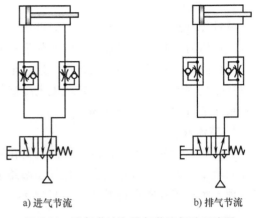

a) 进气节流　　　　　b) 排气节流

图 7-20　进气节流和排气节流气动回路图

进气节流：

1）起动时气流逐渐进入气缸，起动平稳；但如带载起动，可能因推力不够，造成无法起动。

2）采用进气节流进行速度控制，活塞上微小的负载波动都会导致活塞速度的明显变化，使得运动速度稳定性较差。

3）当负载的方向与活塞运动方向相同（负值负载）时，可能会出现活塞不受节流阀控制的前冲现象。

4）当活塞杆碰到阻挡或到达极限位置而停止后，其工作腔由于受到节流压力，逐渐上升到系统最高压力，利用这个过程可以很方便地实现压力顺序控制。

排气节流：

1）起动时气流不经节流直接进入气缸，会产生一定的冲击，起动平稳性不如进气节流。

2）采用排气节流进行速度控制，气缸排气腔由于排气受阻形成背压。排气腔形成的这种背压，减少了负载波动对速度的影响，提高了运动的稳定性，使排气节流成为最常用的调速方式。

3）在出现负值负载时，排气节流由于有背压的存在，可以阻止活塞的前冲。

4）活塞运动停止后，气缸进气腔由于没有节流，压力迅速上升，排气腔压力在节流作用下逐渐下降到零。利用这一过程来实现压力控制比较困难且可靠性差，一般不采用。

3. 快速排气阀

快速排气阀简称快排阀，它通过降低气缸排气腔的阻力将空气迅速排出，以达到提高气缸活塞运动速度的目的。其工作原理如图 7-21 所示，实物图和图形符号如图 7-22 所示。

气缸排气一般是经过连接管路，通过主控换向阀的排气口向外排出。管路的长度、通流面积和阀门的通径都会对排气产生影响，从而影响气缸活塞的运动速度。快速排气阀的作用在于当气缸内腔体向外排气时，气体可以通过它的大口径排气口迅速向外排出。这样就可以大大缩短气缸排气行程，减少排气阻力，从而提高活塞运动速度。而当气缸进气时，快速排气阀的密封活塞将排气口封闭，不影响压缩空气进入气缸。实验证明，安装快速排气阀后，气缸活塞的运动速度可以提高 4~5 倍。使用快速排气阀实际上是在经过换向阀正常排气的通路上设置一个旁路，方便气缸排气腔迅速排气。因此，为保证其良好的排气效果，在安装

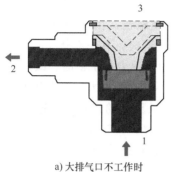
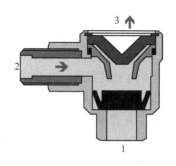

a) 大排气口不工作时　　　　　　　　　b) 大排气口工作时

快速排气阀的
工作原理

图 7-21　快速排气阀工作原理图

1—输入口　2—输出口　3—大排气口

a) 实物图　　　　　　　　b) 图形符号

图 7-22　快速排气阀实物图和图形符号

时应将它尽量靠近执行元件的排气侧。在图 7-23 所示的两个回路中，图 7-23a 所示气缸活塞返回时，气缸左腔的空气要通过单向节流阀才能从快速排气阀的排气口排出；在图 7-23b 中，气缸左腔的空气则是直接通过快速排气阀的排气口排出，因此更加合理。

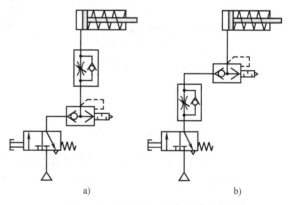

a)　　　　　　　　b)

图 7-23　快速排气阀的安装方式

（三）压力控制阀

压力控制阀主要用来控制系统中压缩气体的压力，以满足系统对不同压力的需求。压力控制阀主要有减压阀、溢流阀和顺序阀。

1. 减压阀

气动系统一般由空气压缩机先将空气压缩并储存在储气罐内，然后经管路输送给各气动装置使用。储气罐输出的压力一般比较高，同时压力波动也比较大，只有经过减压，将其降至每台装置实际所需的压力，并使压力稳定下来才可使用。因此，减压阀是气动系统中一种不可缺少的调压元件。按调节压力的方式不同，减压阀有直动式和先导式两种型式，直动式减压阀是利用手柄直接调节弹簧来改变输出压力的，而先导式减压阀是用预先调好压力的压缩空气来代替调压弹簧进行调压的。图 7-24 所示为直动式减压阀的工作原理、实物图和图形符号。当顺时针方向调节手柄 1 时，调压弹簧 2 被压缩，推动膜片 3、阀芯 4 和下弹簧座 6 下移，使阀口 8 开启，减压阀输出口、输入口导通，产生输出。由于阀口 8 具有节流作用，气流流经阀口后压力降低，并从右侧输出口输出。与此同时，有一部分气流通过阻尼管 7 进入膜片下方产生向上的推力。当这个推力和调压弹簧的作用力相平衡时，减压阀就获得了稳定的压力输出。通过旋紧或旋松调节手柄，可以得到不同的阀口大小，也就可以得到不同的输出压力。为了方便调节，经常将压力表直接安装在减压阀的出口。在输出压力调定后，当输入压力升高时，输出压力也随之相应升高，膜片上移，阀口开度减小。阀口开度的减小会使气体流过阀口时的节流作用增强，压力损失增大，这样输出压力又会下降至调定值。反之，若输入压力下降，阀口开度则会增大，气流通过阀口时的压力损失减小，使输出压力仍能基本保持在调定值上。

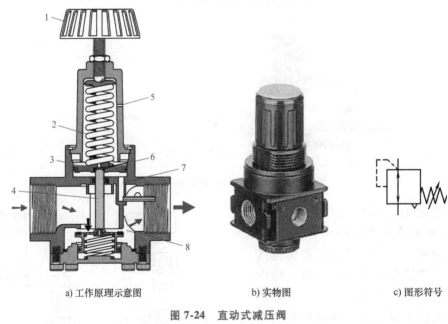

a) 工作原理示意图　　　　　　b) 实物图　　　　　　c) 图形符号

图 7-24　直动式减压阀

1—手柄　2—调压弹簧　3—膜片　4—阀芯　5—溢流孔　6—下弹簧座　7—阻尼管　8—阀口

因常被用作气动系统必不可少的调压元件，减压阀也常被称为调压阀。此外，减压阀也常用于可输出高、低不同压力的回路中。如图 7-25 所示，利用减压阀可以得到 p_1、p_2 两种不同输出压力的回路。

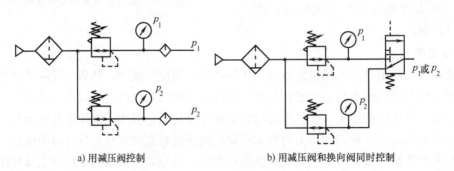

a) 用减压阀控制　　　　　　　　b) 用减压阀和换向阀同时控制

图 7-25　减压阀的应用回路

2. 溢流阀

溢流阀的作用是当系统压力超过调定值时，便自动排气，使系统的压力下降，以保证系统能够安全可靠地工作，因而也称其为安全阀。按控制方式来划分，溢流阀有直动式和先导式两种。

（1）**直动式溢流阀**　如图 7-26 所示，将阀 P 口与系统相连接，O 口通大气，当系统中空气压力升高，大于溢流阀调定压力时，气体推开阀芯，从 O 口排至大气，使系统压力稳定在调定值，确保系统安全可靠。当系统压力低于调定值时，在弹簧的作用下阀口处于关闭状态。其开启压力的大小与调整弹簧的预压缩量有关。

（2）**先导式溢流阀**　如图 7-27 所示，溢流阀的先导阀为减压阀，经它减压后的空气从上部 K 口进入阀内，以代替直动式溢流阀中的弹簧来控制溢流阀。先导式溢流阀适用于管路通径较大及实施远距离控制的场合。选用溢流阀时，其最高工作压力应略高于所需的控制压力。

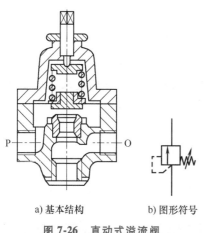

a) 基本结构　　b) 图形符号

图 7-26　直动式溢流阀

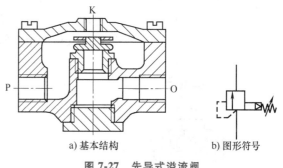

a) 基本结构　　b) 图形符号

图 7-27　先导式溢流阀

（3）**溢流阀的应用**　如图 7-28 所示回路中，因气缸行程较长，运动速度较快，如仅靠减压阀的溢流孔排气，很难保持气缸右腔压力的恒定。为此，在回路中装设一个溢流阀，使溢流阀的调定压力略高于减压阀的设定压力。缸的右腔在行程中由减压阀供给减压后的压缩空气，左腔经换向阀排气。经过溢流阀与减压阀配合使用，可以控制并保持缸内压力的恒定。

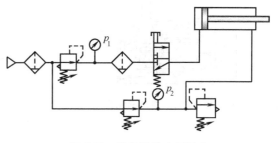

图 7-28　溢流阀的应用回路

3. 顺序阀

顺序阀的作用是依靠气路中压力的大小来控制执行机构按先后顺序进行动作。顺序阀常与单向阀结合成一体，成为单向顺序阀。

（1）**单向顺序阀**　图 7-29 所示为单向顺序阀的工作原理和图形符号。压缩空气由 P 口进入阀左腔 4 后，当作用在活塞 3 上的压力小于调压弹簧 2 的作用力时，阀处于关闭状态。而当作用于活塞上的压力大于弹簧的作用力时，活塞被顶起，压缩空气则经过阀左腔 4 流入阀右腔 5 并经 A 口流出，然后进入其他控制元件或执行元件，此时单向阀关闭。当切换气源（图 7-29b）时，左腔 4 内的压力迅速下降，顺序阀关闭，此时右腔 5 内的压力高于左腔 4 内的压力，在该压力差的作用下，单向阀被打开，压缩空气则由右腔 5 经单向阀 6 流入左腔 4 并向外排出。单向顺序阀的结构如图 7-30 所示。

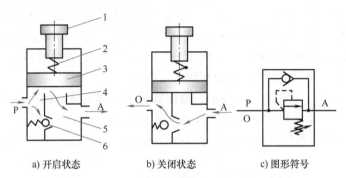

a) 开启状态　　　　b) 关闭状态　　　　c) 图形符号

图 7-29　单向顺序阀的工作原理和图形符号

1—调压手柄　2—调压弹簧　3—活塞　4—阀左腔　5—阀右腔　6—单向阀

（2）顺序阀的应用　图 7-31 所示为用顺序阀控制两个气缸进行顺序动作的回路。压缩空气先进入气缸 1 中，待建立一定压力后，打开顺序阀 4，压缩空气才开始进入气缸 2 并使其动作。切断气源，由气缸 2 返回的气体经单向阀 3 和排气孔（O）排空。

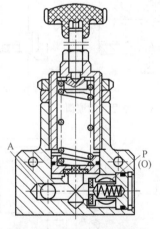

图 7-30　单向顺序阀的结构

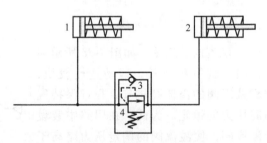

图 7-31　顺序阀的应用回路

1、2—气缸　3—单向阀　4—顺序阀

（四）时间控制阀

气动系统的时间控制阀主要用于气动回路的延时控制，常见的有延时阀。延时阀是通过节流阀调节气室充气时的压力上升速率来实现延时的。延时阀有常通型和常断型两种，图 7-32 所示为常断型延时阀的工作原理图，其实物图和图形符号如图 7-33 所示。

图 7-32 中的延时阀由单向节流阀 1、气室 2 和一个单气控二位三通换向阀 3 组合而成。控制信号从 K 口经节流阀进入气室。由于节流阀的节流作用，使得气室压力上升速度较慢。当气室压力达到换向阀的动作压力时，换向阀换向，输入口 P 和输出口 A 导通，产生输出信号。由于从 K 口有控制信号到输出口 A 产生信号输出有一定的时间间隔，所以可以用来

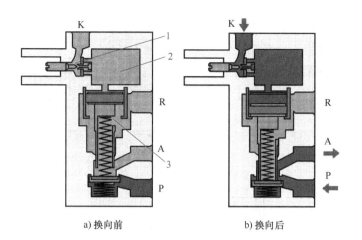

延时阀工作
原理

a) 换向前　　　　　b) 换向后

图7-32　延时阀的工作原理图

1—单向节流阀　2—气室　3—单气控二位三通换向阀

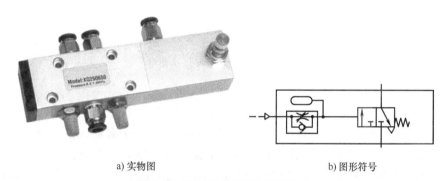

a) 实物图　　　　　　b) 图形符号

图7-33　延时阀实物图和图形符号

控制气动执行元件的运动停顿时间。若要改变延时时间的长短，只要调节节流阀的开度即可。通过附加气室还可以进一步延长延时时间。K口撤除控制信号，气室内的压缩空气迅速通过单向阀排出，延时阀快速复位。所以延时阀的功能相当于电气控制中的通电延时时间继电器。

（五）逻辑控制阀

现在气动系统中的逻辑控制大多通过采用PLC来实现。但在防爆防火要求特别高的场合，常用到一些气动逻辑元件。气动逻辑元件是一种以压缩空气为工作介质，通过元件内部可动部件的动作，改变气流流动的方向，从而实现一定逻辑功能的气体控制元件。逻辑控制阀按结构形式不同可分为滑阀式、球阀式、膜片式等类型，本项目简要介绍滑阀式的逻辑"与"和逻辑"或"两种逻辑控制阀。

1. 双压阀

双压阀是能实现逻辑"与"功能的逻辑控制元件，如图7-34所示。双压阀有两个输入口1、1（3）和一个输出口2，只有当两个输入口都有输入信号时，输出口才有输出，从而实现了逻辑"与"门的功能。当两个输入信号压力不等时，则输出压力相对低的一个，因此它还有选择压力作用。

在气动控制回路中的逻辑"与"除了可以用双压阀实现外，还可以通过输入信号的串联实现，如图7-35所示。

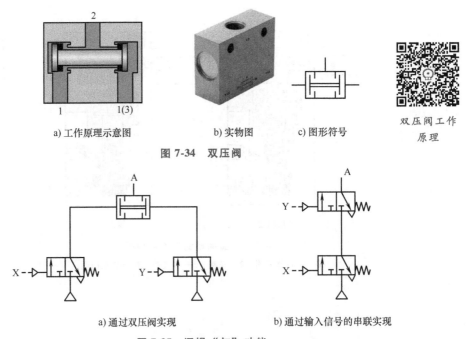

a) 工作原理示意图　　　b) 实物图　　　c) 图形符号　　　双压阀工作原理

图 7-34　双压阀

a) 通过双压阀实现　　　　　b) 通过输入信号的串联实现

图 7-35　逻辑"与"功能

2. 梭阀

梭阀是具有逻辑"或"功能的逻辑控制元件，如图 7-36 所示。梭阀和双压阀一样有两个输入口 1、1（3）和一个输出口 2。当两个输入口中任何一个有输入信号时，输出口就有输出，从而实现了逻辑"或"门的功能。当两个输入信号压力不等时，梭阀则输出压力高的一个。在气动控制回路中可以采用图 7-37 所示的方法实现逻辑"或"，但不可以简单地通

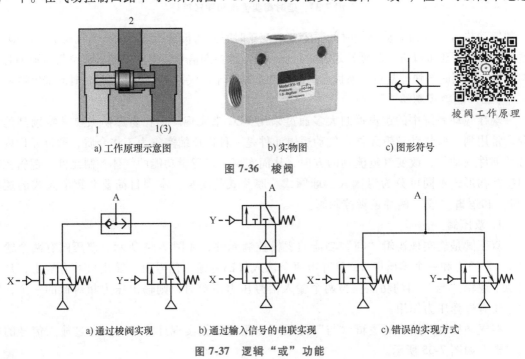

a) 工作原理示意图　　　b) 实物图　　　c) 图形符号　　　梭阀工作原理

图 7-36　梭阀

a) 通过梭阀实现　　　b) 通过输入信号的串联实现　　　c) 错误的实现方式

图 7-37　逻辑"或"功能

过输入信号的并联实现。因为如果两个输入元件中只有一个有信号，其输出的压缩空气会从另一个输入元件的排气口漏出。

三、气源装置及辅件

（一）气源装置

气源装置是一套用来产生具有足够压力和流量的压缩空气并将其净化、处理及储存的装置。常见气源装置的组成如图 7-38 所示。

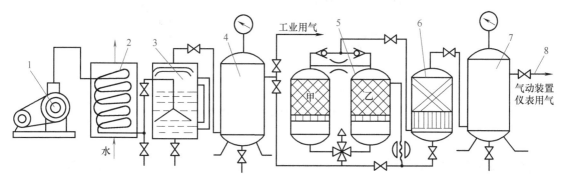

图 7-38　气源装置的组成

1—空气压缩机　2—后冷却器　3—除油器　4、7—储气罐　5—干燥器
6—空气过滤器　8—输油管路

空气压缩机

1. 空气压缩机

空气压缩机是气动系统的动力源，一般有活塞式、膜片式、叶片式、螺杆式等几种类型，其中最常使用的为活塞式压缩机。在选择空气压缩机时，其额定压力应等于或略高于所需要的工作压力，其流量以气动设备最大耗气量为基础，并考虑管路、阀门泄漏量以及各种气动设备是否同时连续用气等因素。

2. 后冷却器

后冷却器安装在压缩机的出口处。它可以将压缩机排出的压缩气体温度由 120~150℃降至 40~50℃，使其中的水汽、油雾凝结成水滴，经除油器析出。后冷却器常采用水冷换热装置，其结构形式有列管式、散热片式、套管出口式、蛇管式和板式等。蛇管式后冷却器最为常用。

3. 除油器

除油器也称为油雾分离器，其作用是将压缩空气中凝聚的水分和油分等杂质分离出来，使压缩空气得到初步净化。

除油器的结构形式有环形回转式、撞击折回式、离心旋转式和水浴式等。撞击折回并环形回转式除油器如图 7-39 所示。压缩空气自入口进入除油器后，因撞击隔板而折回向下，继而又回升向上，形成回转环流，使水滴、油滴和杂质在离心力和惯性力作用下从空气中分离并析出，沉降于除油器的底部，经排污阀排出。

4. 干燥器

干燥器的作用是为了满足精密气动装置用气的需要，把已初步净化的压缩空气进一步净化，吸收和排出其中的水分、油分及杂质，使湿空气变成干空气。干燥器的形式有吸附式、加热式、冷冻式等几种。

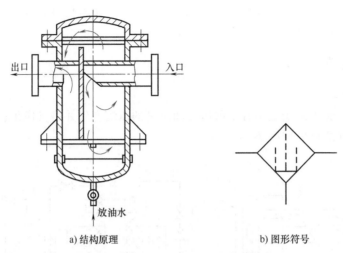

a) 结构原理　　　　　　　　　　b) 图形符号

图 7-39　撞击折回并环形回转式除油器

5. 空气过滤器

空气过滤器的作用是滤除压缩空气中的水分、油滴及杂质，以达到气动系统所要求的净化程度。它的结构和图形符号如图 7-40 所示。压缩空气从输入口进入后被引入旋风叶子 1，旋风叶子上有很多小缺口，迫使空气沿旋风叶子的切线方向强烈旋转，夹杂在空气中的水滴、油滴和杂质在离心力的作用下被分离出来，沉积在存水杯底，而气体经过中间滤芯时，其中的微粒杂质和雾状水分又被滤下水板流入杯底，洁净空气便可经出口输出。

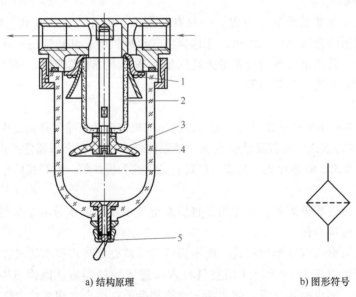

a) 结构原理　　　　　　　　　　b) 图形符号

图 7-40　空气过滤器

1—旋风叶子　2—滤芯　3—挡水板　4—存水杯　5—手动放水阀

选取空气过滤器的主要依据是系统所需的流量、过滤精度和容许压力等参数。空气过滤器与减压阀、油雾器一起构成气源的调节装置（气动三联件）。空气过滤器通常垂直安装在气动设备的入口处，进、出气孔不得装反，使用中要注意定期放水、清洗或更换滤芯。

6. 储气罐

储气罐是气动系统中用来调节气流，以减少输出气流压力脉动变化的。它可以使输出的气流具有连续性和稳定性。已知空气压缩机排气流量为 q_v，所需储气罐的容积 V_c 可参考下述经验公式计算：

1）当 $q_v < 6m^3/min$ 时，$V_c = 0.2q_v$；

2）当 $q_v = 6 \sim 30m^3/min$ 时，$V_c = 0.15q_v$；

3）当 $q_v > 30m^3/min$ 时，$V_c = 0.1q_v$。

（二）气动辅件

1. 油雾器

油雾器是气动系统中一个特殊的注油装置，它以压缩空气为动力，将特定的润滑油喷射成雾状混合于压缩空气中，并随压缩空气进入需要润滑的部位，达到润滑的目的。

油雾器的基本结构和图形符号如图 7-41 所示。压缩空气从输入口进入油雾器后，大部分从主气道流出，一小部分通过小孔 A 进入阀座 8 中，此时特殊单向阀在空气压缩机和弹簧的作用下处于中间位置，所以气体又进入储油杯 4 的上腔 C，使油液受压后经吸油管 7 将单向阀 6 顶起。因钢球上方有一个边长小于钢球直径的方孔，所以钢球不能封死上管道，而使油不断地进入视油器 5 内，再滴入喷嘴 1 腔内，被主气道中的气流从小孔 B 中引射出来。两个进入气流中的油滴被高速气流击碎并雾化后经输出口输出，视油器上的节流阀 9 可调节弹簧，使滴油量可在 0～200 滴/min 范围内变化。当旋松油塞 10 后，储油杯上腔 C 与大气地通，此时特殊单向阀 2 的背压逐渐降低，输入气体使特殊单向阀 2 关闭，从而切断了气体与上腔 C 间的通路，致使气体不能进入上腔 C 中；单向阀 6 也由于 C 腔中的压力降低处于关闭状态，气体也不会从吸油管进入 C 腔。因此，可以在不停止供应气源的情况下从油塞口给油雾器加油。

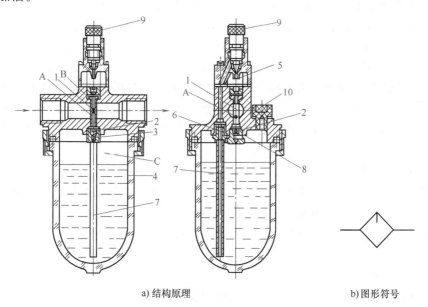

a) 结构原理　　　　　　　　　　　b) 图形符号

图 7-41　油雾器的基本结构和图形符号

1—喷嘴　2—特殊单向阀　3—弹簧　4—储油杯　5—视油器　6—单向阀　7—吸油管　8—阀座　9—节流阀　10—油塞

油雾器在使用过程中要尽量靠近换向阀并垂直安装；供油量一般以每 $10m^3$ 自由空气用油 1mL 为标准，也可根据实际情况相应调整。

2. 消声器

消声器的作用是消除或降低因压缩气体高速通过气动元件时产生的刺耳噪声。

膨胀干涉吸收型消声器的结构原理和图形符号如图 7-42 所示。气流经对称斜孔分成多束进入扩散室 A 后得以继续膨胀，减速后与反射管发生碰撞，然后反射到 B 室中。在消声器的中心部位，气流束间发生互相撞击和干涉。当两个声波相位相反时，声波的振幅通过互相削弱作用以达到消耗声能的目的。最后，声波通过消声器内壁的消声材料，使残余声能因与消声材料的细孔发生相互摩擦而转变为热能，再次达到降低声强的效果。为避免这一过程影响控制阀切换的速度，在选择消声器时，要注意排气阻力不能太大。

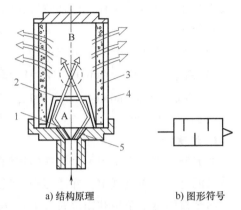

a) 结构原理　　　　　b) 图形符号

图 7-42　膨胀干涉吸收型消声器
结构原理和图形符号
1—扩散室　2—反射管　3—消声材料
4—套壳　5—对称斜孔

【知识拓展】

气动技术的发展和应用

1. 气动技术的发展历史

气压传动的应用历史非常悠久。早在公元前，古埃及人就开始利用风箱产生压缩空气用于助燃。后来，人们逐渐懂得用空气作为工作介质传递动力做功，如古代利用自然风力推动风车，带动水车提水灌溉，利用风能航海等。从 18 世纪的工业革命开始，气压传动逐渐被应用于各行业中，如矿山用的风钻、火车的制动装置、汽车的自动开关门等。

自 20 世纪 60 年代以来，随着工业机械化和自动化的发展，电气可编程控制技术（PLC）与气动技术结合，使整个系统自动化程度更高，控制方式更灵活，性能更稳定、可靠，气动技术越来越广泛地应用于各个领域。近 30 年来，伴随着微电子技术、通信技术和自动化控制技术的迅猛发展，气动技术也不断创新，以工程实际应用为目标，得到了前所未有的发展。目前气动元件的发展速度已超过了液压元件，气压传动已成为一个独立的专门技术领域。

2. 气动技术的应用

气动技术目前的应用范围相当广泛，许多机器设备中装有气动系统。在工业各领域，如机械、电子、钢铁、运输车辆及制造、橡胶、纺织、化工、食品、包装、印刷、机器人等领域，气动技术已成为基本组成部分。在尖端技术领域如核工业和航空航天中，气动技术也占据着重要的地位。

3. 气动技术的发展趋势

气动技术是一门多学科性技术，既涉及传动技术，又涉及控制技术。气动技术未来的发展方向，主要还是在器件的高精度、小型化、复合化、智能化、集成化和节能化等方面。

为了适应工业自动化领域的需求，经过研究者多年来不断努力，推出了许多新元件，气动技术在很多场合替代了过去的机械控制、液压控制及电气控制，尤其是在智能化和网络化方面，对中央控制或集散控制的方式选择产生了很大的影响。可以预料，气动技术将得到更大的发展并在工业自动化系统中得到更广泛的应用。

【项目实施】

1. 微课学习

单作用气缸	双作用气缸	手指气缸和无杆气缸	延时阀
快速排气阀	梭阀和双压阀	二位五通换向阀	单向节流阀

2. 任务分析

根据图 7-1 所示夹紧装置示意图，完成以下任务。

在进行回路设计时，可以把控制要求分成两个部分，分别进行分析和设计。

1）气缸活塞伸出控制。

推料缸 A 活塞伸出的控制条件是启动按钮。

夹紧缸 B 活塞伸出的控制条件是推料缸 A 活塞杆伸出到位，即位置传感器检测到推料缸 A 的伸出信号。

2）气缸活塞缩回控制。

推料缸 A 和夹紧缸 B 活塞同时返回的控制条件是夹紧缸 B 伸出到位，即位置传感器检测到夹紧缸 B 的伸出信号。

3. 元件分析

小组讨论，列出进行上述气动回路设计需要用到的气动元件，写出名称、符号及作用。

序号	元件名称	图形符号	数量	作用

4. 气动回路仿真设计及分析

在教师的带领下运用 Automation Studio 仿真软件进行回路搭建，进行仿真，观察气动系统工作变化状况，完成以下问题。

1）根据项目要求和选择的元件清单，补全气动回路和电气控制回路图，如图 7-43 所示。

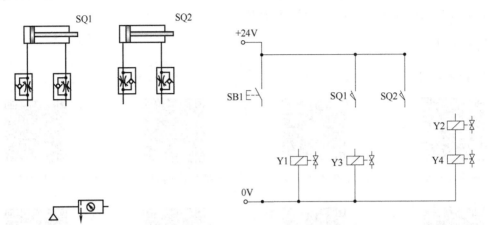

图 7-43　气动夹紧装置气动回路和电气控制回路

2）填写电磁阀动作顺序表　表中"+"表示电磁阀通电，"-"表示电磁阀断电。

工序动作	Y1	Y2	Y3	Y4
推料缸 A 伸出				
推料缸 A 缩回				
夹紧缸 B 伸出				
夹紧缸 B 缩回				

3）气路分析。分析夹紧缸工作时压缩空气的流动路线。

夹紧缸夹紧物料时的进气路：

夹紧缸夹紧物料时的排气路：

夹紧缸松开物料时的进气路：

夹紧缸松开物料时的排气路：

4）请分析双电控二位五通换向阀的工作原理。

5. 项目评价

序号	检查内容	自我评分	小组评分	教师评分	备注
1	课前预习(10分)				
2	态度端正,学习认真(10分)				
3	能正确说出回路中各气动元件的名称和作用(10分)				
4	能正确搭建仿真回路并能实现所需功能(40分)				
5	能正确写出进气路和排气路(10分)				
6	能解释换向阀的工作原理(10分)				
7	项目任务的完成度(10分)				
合计	100分				
总分					

注：总分 = 自我评分×40% + 小组评分×25% + 教师评分×35%。

【思考与练习】

一、填空题

1. 根据各气动元件在气动系统中所起的作用,构成气动系统的元件可划分为能源元件、(　　　　　)、(　　　　　)和辅助元件四大类。

2. 气动控制元件是气动系统中用于控制和调节压缩空气的压力、流量、流动方向和发出信号的重要元件。按其作用和功能主要有(　　　　　)、(　　　　　)和方向控制阀三大类控制阀,此外还有时间控制阀、逻辑控制阀等。

二、判断题

1. 双作用气缸中有复位弹簧。(　　　)

2. 单向节流阀是由单向阀和节流阀串联组成的。(　　　)

3. 进气节流调速方式常应用于负值负载的场合。(　　　)

三、单项选择题

1. 单作用气缸的特点不包括(　　　)。

A. 结构简单　　　B. 耗气量小　　　C. 行程长　　　D. 输出力减小

2. 气动控制回路中实现自动循环往返,经常采用(　　　)来控制。

A. 换向阀　　　B. 顺序阀　　　C. 行程阀　　　D. 延时阀

3. 气动系统气源处理装置中,调压阀的输出压力(　　　)输入压力。

A. 大于　　　B. 小于　　　C. 等于　　　D. 不确定

四、问答题

1. 画出延时阀的图形符号,并根据图形符号简要说明其工作原理。

2. 双压阀与梭阀分别有什么功能?为什么气动回路中"与"逻辑可以直接用输入信号的串联实现,而"或"逻辑不能直接用输入信号的并联实现?

模块8

气动基本回路

【模块导读】

采用不同的气动元件和不同的连接方式，气动系统可实现各种不同的功能。气动基本回路是气动系统功能实现的基本构成单元。任何复杂的气动控制回路都是由一些具有特定功能的基本回路组成的。按基本回路能实现的主要功能，用来控制元件运动方向的回路被称为方向控制回路，用来控制系统或某支路压力的回路被称为压力控制回路，用来控制执行元件速度的回路被称为速度控制回路。气动系统的基本回路有很多，本模块主要介绍比较常见的几种。

学好气动基本回路是正确设计和装调气动系统的基础。只有学好了气动基本回路，并能将所学回路知识融会贯通，才能进一步掌握复杂回路。

项目8　气动压装装置控制回路的设计

【项目描述】

图 8-1 所示为全自动包装机中压装装置的工作示意图。它的工作要求为：当按下启动按钮后，气缸对物品进行压装，当压实后，停留 3.5s 左右气缸快速缩回，再进行第二次压装，一直如此循环，直到按下停止按钮，气缸才停止动作。为了保证在压装过程中活塞杆运行平稳，要求下压运行速度可以调节。另外，在工作位置上没有物品时，压装到 a_1 位置后，气缸也要快速缩回。由于压装物品的不同，有时还需要对系统的压力进行调整。试根据上述工作要求完成对压装装置控制回路的设计。

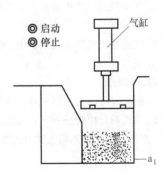

图 8-1　压装装置工作示意图

【项目要求】

➤ 掌握方向控制回路、速度控制回路、压力控制回路三大主要基本回路的基本类型、回路特点和工作原理。

➤ 了解同步回路、安全保护回路、逻辑控制回路、时间控制回路等回路的基本类型、回路特点和工作原理。

➤ 设计搭建压装装置气动系统回路，并仿真调试回路。

【相关知识】

一、方向控制回路

在气动基本回路中，实现气动执行元件运动方向控制的回路是最基本的回路，只有在执行元件的运动方向符合要求的基础上才能进一步对速度、压力等进行控制和调节。方向控制回路也常称为换向回路，是利用各种方向控制阀，通过改变压缩空气流动方向来实现对气动执行元件（气缸、气马达）运动方向控制的一种回路，主要有单作用气缸换向回路、双作用气缸换向回路等类型。

（一）单作用气缸换向回路

图 8-2 所示为单作用气缸换向回路，用于控制单作用气缸的运动方向。图 8-2a 所示为用二位三通电磁阀控制的单作用气缸伸缩回路。该回路中，当电磁阀得电时，气缸伸出，失电时气缸在弹簧作用下缩回。图 8-2b 所示为三位四通电磁阀控制的单作用气缸换向回路，电磁阀在两电磁铁均失电时自动对中，使气缸停于任何位置，但定位精度不高，且定位时间不长。

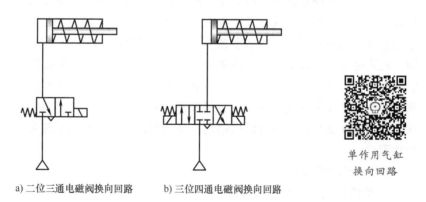

单作用气缸
换向回路

a) 二位三通电磁阀换向回路　　　b) 三位四通电磁阀换向回路

图 8-2　单作用气缸换向回路

（二）双作用气缸换向回路

图 8-3 所示为各种双作用气缸换向回路。图 8-3a、d 所示为比较简单的换向回路。在图 8-3b、c 所示的回路中，当 A 口有压缩空气或按下控制按钮时，气缸活塞杆推出，反之，气缸活塞杆退回。在图 8-3e 所示的回路中，两端控制按钮不能同时按下，否则将出现误动作，其回路相当于双稳的逻辑功能。在图 8-3f 所示的回路中，换向阀是有中停位置的三位四通换向阀，但中停定位精度不高，两端电磁铁不能同时通电，否则也将出现误动作。

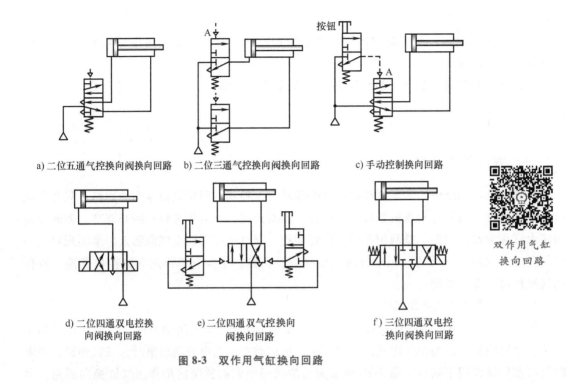

a) 二位五通气控换向阀换向回路　b) 二位三通气控换向阀换向回路　　c) 手动控制换向回路

d) 二位四通双电控换
向阀换向回路

e) 二位四通双气控换向
阀换向回路

f) 三位四通双电控
换向阀换向回路

双作用气缸
换向回路

图 8-3　双作用气缸换向回路

二、速度控制回路

速度控制回路是通过控制流量来调节执行元件运动速度的回路。由于气动系统的功率通常都不会太大，所以在气动系统中大多通过气动流量控制阀采用节流调速方式进行执行元件运动速度的调节和控制。气动节流调速回路的组成和工作原理与液压节流调速回路基本相同，使用时应注意以下几点，以防止"爬行"：①严格控制管道中的气体泄漏；②确保气缸缸内表面的加工精度和质量；③保持缸内的正常润滑状态；④作用在气缸活塞杆上的负载必须稳定，若外加负载变化较大，应借助液压或机械装置（如气液联动）来补偿由于负载变化造成的速度变化；⑤尽可能采用出口节流调速方式；⑥气动流量控制阀尽量装在气缸或气马达附近。

（一）节流调速回路

1. 单作用气缸速度控制回路

（1）节流阀调速回路　图 8-4 所示为用两个反向安装的单向节流阀分别控制活塞杆伸出或缩回速度的节流阀调速回路。

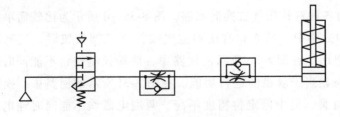

图 8-4　单向节流阀双向调速回路

（2）**排气阀节流调速回路**　图8-5所示为慢进快退调速回路。上升时可通过节流阀调速实现缓慢上升，下降时通过快速排气阀排气，实现快速返回。

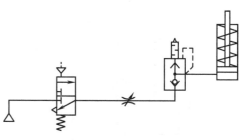

图8-5　慢进快退调速回路

2. 双作用气缸速度控制回路

（1）**单向节流调速回路**　单向节流调速有排气节流调速和进气节流调速两种方式。图8-6a所示为排气节流调速回路，双作用气缸活塞杆的伸出速度不可调节，但活塞杆缩回时，气缸无杆腔的压缩空气经过节流阀节流后从二位五通阀排气口排往大气，活塞杆缩回速度得到调节。图8-6b所示为进气节流调速回路，双作用气缸活塞杆的缩回速度不可调节，但气缸活塞杆伸出时，压缩空气经过节流阀节流后进入气缸的无杆腔，活塞杆伸出速度得到调节。

（2）**双向节流调速回路**　图8-7a、b所示均为双向排气节流调速回路。采用排气节流调速回路控制气缸速度，其活塞运动平稳，比进气节流调速回路效果好。

图8-7a所示为换向阀前节流控制回路，是采用单向节流阀的双向节流调速回路；图8-7b所示为换向阀后节流控制回路，是采用排气节流阀的双向节流调速回路。

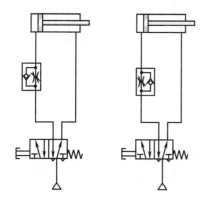

a) 排气节流调速回路　　b) 进气节流调速回路

图8-6　单向节流调速回路

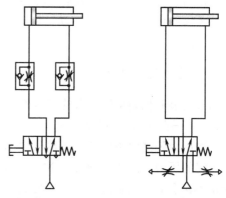

a) 换向阀前节流控制回路　　b) 换向阀后节流控制回路

图8-7　双向节流调速回路

（3）**速度换接回路**　气缸活塞的往复运动都是排气节流调速，当活塞杆在行程中碰到行程开关而使二位二通电磁阀通电时，则改变了排气的路径，从而使活塞改变了运动速度，如图8-8所示。两个二位二通电磁阀分别控制往复行程中的速度变换。

（二）缓冲回路

在气缸行程长、速度快、惯性大的气动回路中，除采用带缓冲的气缸外，往往还需要配合缓冲回路来消除气缸的运动冲击，获得气缸行程末端的缓冲，以满足对气缸运动速度的要求。

图8-9所示的回路可实现快进-慢进缓冲-停止-快退的循环。当活塞向右运动时，工作缸右腔中的气体经行程阀和二位四通换向阀排出；当活塞运动到末端时，行程阀被压下，右腔气体经节流阀和二位四通换向阀排出，以实现对活塞运动速度的缓冲。通过调整行程阀的安装位置，可以改变缓冲过程的起始时刻。

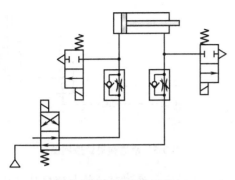

图 8-8　速度换接回路

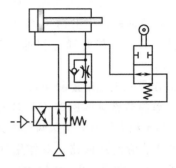

图 8-9　缓冲回路

（三）气-液转换调速回路

气-液转换调速回路是以气压为动力，利用气液转换器把气压传动变为液压传动，利用液压传动的优点，以达到改善气动的运动速度平稳性和增加推力的目的。

图 8-10 所示为气-液转换调速回路。压缩空气从双气控二位五通换向阀出来以后，都会进入气液转换器，经过气液转换器的转换作用，压缩空气的压力信号转换为液压油的油压信号后，液压油进入液压缸推动活塞运动，调节节流阀可以改变活塞的运动速度。

三、压力控制回路

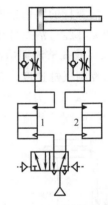

图 8-10　气-液转换调速回路
1、2—气液转换器

用来调节和控制系统压力的回路称为压力控制回路。

（一）一次压力控制回路

一次压力控制回路用来控制储气罐的压力，使其不超过所设定的压力。图 8-11 所示一次压力控制回路用外控溢流阀作为安全阀来控制供气压力，使其基本恒定。当储气罐内的压力超过规定值时，安全阀开启，压缩机输出的压缩空气由安全阀 1 排入大气，使储气罐内的压力保持在规定范围内。用电接点压力表 2 控制压缩机的停止或转动，这样也能保证储气罐内的压力在规定的范围内。

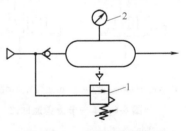

图 8-11　一次压力控制回路
1—安全阀　2—压力表

采用安全阀控制时，结构简单、工作可靠，但气体损失较大；采用电接点压力表控制时，对电动机及控制要求较高，故常用于小型压缩机。

（二）二次压力控制回路

二次压力控制回路是指每台气动设备的气源进口处的压力调节回路，如图 8-12 所示。组成该回路的空气过滤器、减压阀和油雾器，通常称为气动三联件。空气过滤器用于除去压缩空气中的杂质；减压阀用于稳定二次压力；油雾器将清洁的润滑油雾化后注入空气流中，对气动部件进

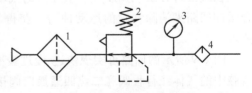

图 8-12　二次压力控制回路
1—空气过滤器　2—减压阀　3—压力表　4—油雾器

行润滑。如果气动系统中不需要润滑，则可不用油雾器。

（三）高低压转换回路

图 8-13 所示为高低压转换回路，采用两个减压阀分别调出 p_1、p_2 两个不同压力，由换向阀控制输出气动设备所需要的压力。图中的换向阀为气控阀，根据系统的情况，也可选用其他控制方式的阀。该回路适用于负载差别较大的场合。

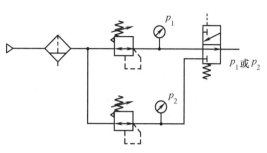

图 8-13　高低压转换回路

四、其他控制回路

（一）同步回路

气压传动中的同步回路与液压传动中的同步回路基本相同。图 8-14a 所示为简单的同步回路，它采用刚性连接部件连接两缸活塞杆，分别调节两节流阀的开度，迫使 A、B 两缸同步。

图 8-14b 所示为气-液缸串联同步回路，回路缸 1 下腔与缸 2 上腔相连，内部注满液压油，只要保证缸 1 下腔的有效工作面积和缸 2 上腔的有效工作面积相等，就可以实现同步。

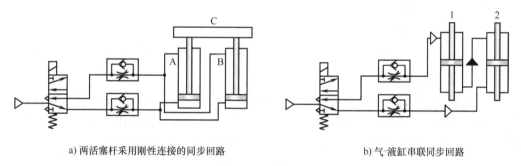

a) 两活塞杆采用刚性连接的同步回路　　　　　b) 气-液缸串联同步回路

图 8-14　同步回路

（二）安全保护回路

由于气动机构负荷的过载、气压的突然降低以及气动执行机构的快速动作等原因，都可能危及操作人员或设备的安全，因此在气动回路中，常常要加入安全回路。在设计任何气动回路，特别是安全回路时，都不可缺少过滤装置和油雾器。这是因为，污脏空气中的杂物，可能堵塞阀中的小孔与通路，使气路发生故障；缺少润滑油，很可能使阀发生卡死或磨损，以致使整个系统的安全都发生问题。

1. 自锁回路

图 8-15 所示为典型的自锁回路，也是一个手动换向回路。当按下手动阀 1 的按钮后，主控阀右位接入，气缸中的活塞杆将向左伸出，这时即便将手动阀 1 的按钮松开，主控阀也不会进行换向。只有

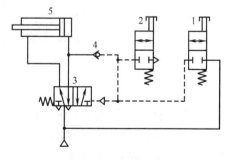

图 8-15　自锁回路

1、2—手动阀　3—主控阀　4—单向阀　5—气缸

将手动阀 2 的按钮按下后，控制信息逐渐消失，主控阀换向复位并左位接入，气缸中的活塞才向右退回。

2. 互锁回路

如图 8-16 所示，主控阀（二位四通阀）的换向受三个串联的机控二位二通阀控制，只有三个机控阀都接通时，主控阀才能换向，气缸才能动作。

3. 过载保护回路

如图 8-17 所示，当活塞右行遇到障碍或其他原因使气缸过载时，左腔压力升高，当超过预定值时，打开顺序阀 3，使换向阀 4 换向，气缸返回，以保护设备安全。

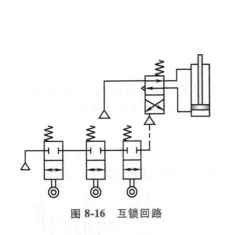

图 8-16 互锁回路

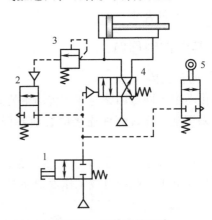

图 8-17 过载保护回路

1—手动阀 2—气控阀 3—顺序阀 4—换向阀 5—行程阀

（三）逻辑控制回路

在板材成形切装装置中，常设计双手操作的安全保护回路，以保证双手不会因操作不当而受到伤害。如图 8-18 所示，当 SB1 和 SB2 两个双手操作按钮同时按下后，气缸活塞才能动作，气缸伸出，回路中就采用了双压阀 1V2 作为逻辑"与"功能元件。

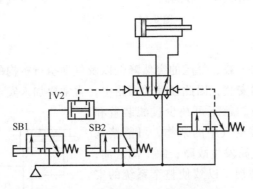

图 8-18 采用双压阀的逻辑控制回路

双压阀工作原理

采用双压阀的
逻辑控制回路

具有逻辑"或"功能的梭阀常用来实现气动系统的异地控制，比如门的开关控制。如图 8-19 所示，利用一个气缸对门进行开关控制。气缸活塞杆伸出，门打开；活塞杆缩回，门关闭。门内、外的两个开门按钮 1S1 和 1S3 都能让气缸伸出，它们是逻辑"或"的关系。

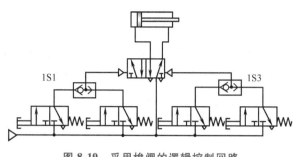

梭阀工作原理

图 8-19　采用梭阀的逻辑控制回路

采用梭阀的
逻辑控制回路

（四）时间控制回路

图 8-20 所示为采用延时阀的时间控制回路。当气缸活塞杆伸出到位碰到
行程阀 2 时，压缩空气经行程阀进入延时阀 1，经延时阀延时后，输出压缩空气控制二位五
通阀 3 换向至右位工作，气缸活塞杆缩回。

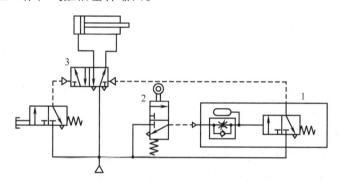

采用延时阀的
时间控制回路

图 8-20　采用延时阀的时间控制回路

1—延时阀　2—行程阀　3—双气控二位五通阀

延时阀工作
原理

【知识拓展】

数控机床

数控机床产业是国家基础性、战略性产业，是一个国家装备制造水平提升的基础，处于
产业链核心环节，是构成现代工业的心脏，直
接关系到经济发展和国家安全。我国数控机床
行业经过几十年的发展，已经形成较完备的产
业体系，但国产高端数控机床与国外相比仍有
较大差距。

重庆机床集团研发的 YE3140 数控滚齿机
和 Y（D）3136CNC 高效重切数控滚齿机（图
8-21）取得了技术上的重要突破。Y（D）
3136CNC 高效重切数控滚齿机为六轴四联动
数控滚齿机，采用国内首创的滚齿机空间运动
分配和新型组合运动副，结合先进的直驱技
术，可实现大模数齿轮的高效精密加工。

图 8-21　Y（D）3136CNC 高效重切数控滚齿机

YE3140 数控滚齿机是国内首台大模数大切削量高刚性干式切削的七轴四联动数控滚齿机，填补了国内七轴数控、四轴联动数控机床的空白。YE3140 数控滚齿机很好地解决了国内高端装备高精度、高刚性回转分度技术难题和复杂工艺条件下的低成本和绿色环保加工难题，也很好地解决了国家在国防军工、重大工程等领域的卡脖子问题。

在这些被喻为"工业母机"的机床中，气动技术在机床部件的移动、运动部件的平衡、工件夹紧等工作领域都发挥着重要的作用。

【项目实施】

1. 项目分析

在进行图 8-1 所示气动压装装置回路设计时，可以把控制要求分解成多个基本回路来设计。

1）方向控制回路。压装装置的执行元件可选用带缓冲装置的双作用气缸。对于压装气缸的伸缩动作，可由双气控换向回路来实现，因此可选用双气控二位五通换向阀作为主控阀。

2）速度控制回路 项目要求在压装过程中活塞杆运行平稳，下压运行速度可以调节，且压实后压装气缸能快速缩回，因此需要设计双作用气缸的慢进快退速度控制回路。

3）压力控制回路。项目要求能根据压装物品的不同调整系统的压力，因此需要设计主路的二次压力控制回路。项目还要求压装气缸对物品压实后能够延时缩回，因此需要在气缸伸出压装物品时检测无杆腔的压力。

4）安全保护回路。项目要求按下启动按钮后，气缸一直工作，直到按下停止按钮工作停止。这需要在按下启动按钮后，控制口有信号保持（即自锁），因此需要设计自锁回路。

5）逻辑控制回路。项目要求压装气缸对物品压实后能够延时缩回，且工作位置上没有物品时，压装到 a_1 位置后，气缸也能快速缩回，因此需要设计逻辑"或"控制回路。

2. 元件分析

小组讨论，列出气动回路设计需要用到的气动元件，写出名称、符号及作用。

序号	元件名称	图形符号	数量	作用

3. 气动回路仿真设计及分析

在教师的带领下运用 Automation Studio 仿真软件进行回路搭建，并进行仿真，观察气动系统工作变化状况，完成以下问题：

1）根据项目要求和选择的元件清单，补全气动回路原理图，如图 8-22 所示。

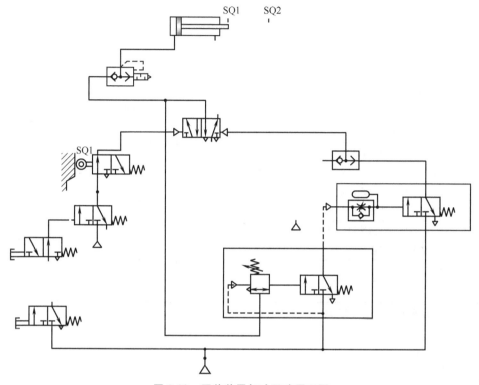

图 8-22　压装装置气动回路原理图

2）气路分析。分析压装装置工作时压缩空气的流动路线。

主路压缩空气的进气路：

主路压缩空气的排气路：

气缸伸出控制区气路分析：

气缸缩回控制区气路分析：

3）请分析回路中速度控制回路的工作过程。

4）请分析回路中自锁回路的工作过程。

4. 项目评价

序号	检查内容	自我评分	小组评分	教师评分	备注
1	课前预习(10分)				
2	态度端正,学习认真(10分)				
3	能正确说出回路中各气动元件的名称和作用(20分)				
4	能正确搭建仿真回路并能实现所需功能(30分)				
5	能正确完成气路分析(10分)				
6	能分析速度控制回路和自锁回路的工作过程(10分)				
7	项目任务的完成度(10分)				
合计	100分				
总分					

注:总分=自我评分×40%+小组评分×25%+教师评分×35%。

【思考与练习】

一、填空题

1. 在二次压力控制回路中,通常由空气过滤器、(　　　　　)、(　　　　　) 共同组成(　　　　　)。

2. 在气缸行程长、(　　　　　)、(　　　　　) 的气动回路中,往往采用缓冲回路来消除气缸的运动冲击,获得气缸行程末端的缓冲,以满足对气缸运动速度的要求。

3. 目前气动系统的功率都不太大,因而调速方法大多采用 (　　　　　)。

二、判断题

1. 采用排气节流调速回路控制气缸速度,比进气节流调速回路效果好。(　　　)

2. 双压阀一般用来实现"或"逻辑控制回路。(　　　)

3. 气-液转换调速回路是以气压为动力,利用气液转换器把气压传动变为液压传动,以达到改善气动的运动速度平稳性和增加推力的目的。(　　　)

三、选择题

1. 常见的安全保护回路不包括 (　　　)。

A. 自锁回路　　　　　　B. 互锁回路　　　　　　C. 过载保护回路　　　　　　D. 气-液转换回路

2. 双作用气缸换向回路包括 (　　　)。

A. 双电控换向回路　　　B. 双气控换向回路　　　C. 二位五通阀换向回路　　　D. 二位三通阀换向回路

四、问答题

1. 请说明速度换接回路的工作原理。

2. 请简述使用气动节流调速回路时应注意的问题。

附录 A　常用液压与气动元件的图形符号（摘自 GB/T 786.1—2021）

一、图形符号基本要素、管路与连接

描述	图形	描述	图形
供油/气管路、回油/气管路、元件框线、符号框线	——————	内部和外部先导（控制）管路、泄油管路、冲洗管路、排气管路	- - - - - - - -
组合元件框线	—·—·—·—·—	两个流体管路的连接	
交叉管路		柔性管路	
回油箱		管端连接于油箱底部	
液压油源	▶	气源	▷
三通旋转式接头		不带单向阀的快换接头	
排气口		带单向阀的快换接头	
温度指示		可调节符号	
截止阀		节流（流量控制阀，取决于黏度）	)(

（续）

描述	图形	描述	图形
封闭管路或封闭端口	⊥	节流（锐边节流，很大程度上与黏度无关）	><
流体管路中的堵头	×	旋转连接	○
下列元件的要素 ——压力容器 ——压缩空气储气罐 ——蓄能器 ——气瓶 ——纹波管执行器软管缸		输入信号	F——流量 G——位置或长度 L——液位 P——压力或真空度 S——速度或频率 T——温度 W——重量或力

二、控制机构和控制方法

描述	图形	描述	图形
带有可拆卸把手和锁定要素的控制机构		带有定位的推/拉控制机构	
带有可调行程限位的推杆		带有5个锁定位置的旋转控制机构	
用于单向行程控制的滚轮杠杆		带有一个线圈的电磁铁（动作指向阀芯）	
带有两个线圈的电气控制装置（一个动作指向阀芯，另一个动作背离阀芯）		带有一个线圈的电磁铁（动作背离阀芯）	
外部供油的电液先导控制机构		带有一个线圈的电磁铁（动作指向阀芯，连续控制）	
外部供油的带有两个线圈的电液两级先导控制机构（双向工作，连续控制）		带有一个线圈的电磁铁（动作背离阀芯，连续控制）	
单向踏板		使用步进电机的控制机构	
双向踏板		手柄控制	
电控气动先导控制机构		钥匙控制	

三、液压泵、液压（气）马达和液压（气）缸

描述	图形	描述	图形
变量泵（顺时针单向旋转）		变量泵/马达（双向流动，带有外泄油路，双向旋转）	
变量泵（双向流动，带有外泄油路，顺时针单向旋转）		定量泵/马达（顺时针单向旋转）	
手动泵（限制旋转角度，手柄控制）		空气压缩机	
气马达		气马达（双向流通，固定排量，双向旋转）	
真空泵		连续气液增压器（将气体压力 p1 转换为较高的液体压力 p2）	
单作用单杆缸（弹簧复位，弹簧腔带连接气口）		双作用单杆缸	
双作用双杆缸（活塞杆直径不同，双侧缓冲，右侧缓冲带调节）		单作用柱塞缸	
单作用多级缸		双作用多级缸	
行程两端带有定位的双作用缸		摆动执行器/旋转驱动装置（带有限制旋转角度功能，双作用）	
单作用压力气液转换器（将气体压力转换为等值的液体压力）		单作用增压器（将气体压力 p1 转换为更高的液体压力 p2）	

四、控制元件

描述	图形	描述	图形
溢流阀(直动式,开启压力由弹簧调节)		顺序阀(直动式,手动调节设定值)	
二通减压阀(直动式,外泄型)		减压阀(内部流向可逆)	
双压阀(逻辑为"与",两进气口同时有压力时,低压力输出)		节流阀	
单向节流阀		单向阀(只能在一个方向自由流动)	
液控单向阀(带有弹簧,先导压力控制,双向流动)		双液控单向阀	
梭阀(逻辑为"或",压力高的入口自动与出口接通)		集流阀(将两路输入流量合成一路输出流量)	
压力开关(机械电子控制)		分流阀(将输入流量分成两路输出流量)	
比例方向控制阀(直动式)		二位二通方向控制阀(推压控制,弹簧复位,常闭)	
二位二通方向控制阀(电磁铁控制,弹簧复位,常开)		二位四通方向控制阀(电磁铁控制,弹簧复位)	
气动软启动阀(电磁铁控制,内部先导控制)		二位三通锁定阀	
二位三通方向控制阀(滚轮杠杆控制,弹簧复位)		二位三通方向控制阀(单电磁铁控制,弹簧复位,手动锁定)	

（续）

描述	图形	描述	图形
二位四通方向控制阀（双电磁铁控制，带锁定装置，也称脉冲阀）		三位四通方向控制阀（弹簧对中，双电磁铁控制）	
三位五通方向控制阀（手柄控制，带有定位机构）		二位五通方向控制阀（踏板控制）	
直动式比例溢流阀（通过电磁铁控制弹簧来控制）		比例流量控制阀（直动式）	
压力控制和方向控制插装阀插件（锥阀结构，面积比1∶1）		压力控制和方向控制插装阀插件（锥阀结构，常开，面积比1∶1）	
方向控制插装阀插件（带节流端的锥阀结构，面积比≤0.7）		方向控制插装阀插件（带节流端的锥阀结构，面积比>0.7）	

五、辅助元件

描述	图形	描述	图形
压力表		压差表	
温度计		液位指示器（油标）	
流量指示器		流量计	
转速计		过滤器	
离心式分离器		不带有冷却方式指示的冷却器	

（续）

描述	图形	描述	图形
加热器		采用液体冷却的冷却器	
温度调节器		隔膜式蓄能器	
囊式蓄能器		活塞式蓄能器	
气瓶		自动排水分离器	
手动排水分离器		吸附式过滤器	
带有手动排水分离器的过滤器		油雾分离器	
空气干燥器		油雾器	
气罐		手动排水式油雾器	
声音指示器		消声器	

附录 B 液压传动工作介质的种类、性能和应用

类别	组别	介质代号	组成和特性	应用场合	备注
L	H	L-HH	无抑制剂的精制矿物油		因安全性差,易起泡,基本不使用
		L-HL	精制矿物油,并改善其防锈和抗氧性	对润滑无特殊要求的通用机床	
		L-HM	HL 油,并改善其抗磨性	有高负荷部件的一般液压系统	
		L-HR	HL 油,并改善其黏温性	环境温度变化大的中低压液压系统	导轨用油
		L-HV	HM 油,并改善其黏温性	建筑和船舶设备	
		L-HS	无特定难燃性的合成液		特殊性能
		L-HG	HM 油,并具有抗黏-滑性	导轨用油	
		L-HFAE	水包油型乳化液	用于使用难燃液压液的场合	通常含水量大于80%(质量分数)
		L-HFAS	化学水溶液		
		L-HFB	油包水乳化液		
		L-HFC	含聚合物水溶液		通常含水量大于35%(质量分数)
		L-HFDR	磷酸酯无水合成液		
		L-HFDU	其他成分的无水合成液		
		L-HA		自动传动系统	
		L-HN		偶合器和变矩器	

注:摘自 GB/T 7631.2—2003。

参 考 文 献

[1]   路甬祥. 液压气动技术手册 [M]. 北京：机械工业出版社，2002.

[2]   成大先. 机械设计手册：第 5 卷 [M]. 6 版. 北京：化学工业出版社，2016.

[3]   高殿荣，王益群. 液压工程师技术手册 [M]. 2 版. 北京：化学工业出版社，2016.

[4]   杨培元，朱福元. 液压系统设计简明手册 [M]. 北京：机械工业出版社，2017.

[5]   谢群，舒启林. 液压传动系统课程设计 [M]. 北京：北京理工大学出版社，2020.

[6]   赵波，王宏元. 液压与气动技术 [M]. 5 版. 北京：机械工业出版社，2020.

[7]   张雅琴，姜佩东. 液压与气动技术 [M]. 3 版. 北京：高等教育出版社，2014.

[8]   毛好喜. 液压与气动技术 [M]. 3 版. 北京：人民邮电出版社，2016.

[9]   王同建. 液压传动与控制 [M]. 北京：机械工业出版社，2014.

[10]   孙月华. 液压传动综合性实验 [M]. 哈尔滨：黑龙江科学技术出版社，2008.

[11]   宋志安，王成龙，曹连民，等. 液压传动与控制的 FluidSIM 建模与仿真 [M]. 北京：机械工业出版社，2020.

[12]   冯锦春. 液压与气压传动技术 [M]. 3 版. 北京：人民邮电出版社，2021.

[13]   刘银水，许福玲. 液压与气压传动 [M]. 4 版. 北京：机械工业出版社，2018.

[14]   倪春杰. 液压与气压传动 [M]. 北京：化学工业出版社，2013.

[15]   李亚利. 液压与气压传动 [M]. 2 版. 北京：北京理工大学出版社，2019.

[16]   陈桂芳. 液压与气压传动技术 [M]. 4 版. 北京：北京理工大学出版社，2019.

[17]   林灿东，韦敏，梁志新. 液压与气压传动技术 [M]. 北京：北京理工大学出版社，2017.

[18]   张萃. 液压传动与控制学习指导及习题解析 [M]. 北京：清华大学出版社，2019.

[19]   张海平. 液压速度控制技术 [M]. 北京：机械工业出版社，2014.

[20]   唐颖达，刘尧. 液压回路分析与设计 [M]. 北京：化学工业出版社，2017.